当今社会，创新无处不在，

它不仅深刻地改变着我们的生存状态，

也让这个世界日益成为由创新者引领的世界。

Innovation Change the World

创新改变世界

18位著名科学家的创新故事

郭传杰 方 新 何 岩／主编

科学出版社

北 京

内 容 简 介

本书精选了18位著名科学家有关创新的经典讲座内容，他们结合自身的科研经历分享了开展科技创新的感悟，体现了丰富鲜活的科学精神、科学思想、科学方法，反映知识创新工程试点以来，中国科学院在科技创新、体制和机制创新、人才培养、文化建设等多方面所取得的显著成效。

讲座内容深入浅出、生动形象、通俗易懂，蕴含着丰富的创新思维、创新精神，对各行业青年人及广大科技工作者的成长都具有重要的启示意义。

图书在版编目(CIP)数据

创新改变世界：18位著名科学家的创新故事/郭传杰，方新，何岩主编.—北京：科学出版社，2014

ISBN 978-7-03-034798-5

Ⅰ.①创… Ⅱ.①郭… ②方… ③何… Ⅲ.①科学研究工作-中国-文集 Ⅳ.①G322-53

中国版本图书馆CIP数据核字（2012）第125797号

责任编辑：侯俊琳　樊　飞／责任校对：赵桂芬

责任印制：赵　博／封面设计：铭轩堂

编辑部电话：010-64035853

E-mail：houjunlin@mail.sciencep.com

科学出版社 出版

北京东黄城根北街16号

邮政编码：100717

http://www.sciencep.com

天津市新科印刷有限公司印刷

科学出版社发行　各地新华书店经销

*

2014年5月第　一　版　开本：720×1000　1/16

2025年3月第四次印刷　印张：12 3/4

字数：200 000

定价：48.00元

（如有印装质量问题，我社负责调换）

《创新改变世界——18 位著名科学家的创新故事》编委会

序

中国科学院党组办公室、京区党委和研究生院推出面向在学研究生的创新案例系列讲座，是弘扬我院的光荣历史传统、推动创新文化建设、进一步加强研究生教育、落实人才强国战略、传播科学思想和科学精神的一项重要举措。

当今世界，经济全球化不断发展，国际竞争日趋激烈。科技创新能力和科技人才已经成为衡量一个国家综合竞争力的重要标志。创新是时代的要求，是科学技术发展的灵魂，是推动人类进步的动力。在 2006 年全国科学技术大会上，胡锦涛总书记从我国社会主义现代化建设的战略全局出发，深刻分析了时代和世界新科技革命给我们带来的机遇和挑战，明确提出坚持走中国特色自主创新道路，动员全党全国人民为建设创新型国家而努力奋斗，这对我国科技界提出了新的更高要求。

中国科学院广大科技人员 50 多年来取得了大批科技成果，积累了丰富的创新经验。随着知识创新工程的深入推进，创新案例的主题也从科技创新拓展到制度创新、管理创新、文化创新等多个方面。这些创新经验既包含着丰富的科学精神、科学思想、科学方法，也集中反映了知识创新工程试点以来中国科学院取得的显著成绩。

我院肩负着培养国家高级科技创新人才的光荣使命，研究生教育是我院人才队伍建设的内容之一。在研究生队伍日益成为科技创新重要力量的今天，举办创新案例系列讲座，就是要通过加强科技创新经验的交流，普及科学方法，激发创新思维，弘扬创新精神，建设创新文化，从而更加卓有成效地推进科技创新的跨越、持续发展。

案例教学是一种针对性强、形式活泼的教育方式。创新案例系列讲座，邀请院内著名科学家为研究生作报告，让同学们有机会面对面地聆听科学家讲述他们的科研工作经历，谈论科学的方法论与价值观，谈科学研究的历程，不仅给人以丰富的学术熏陶，而且给人以浓郁的人文陶冶、深刻的思维启迪，对同学们树立正确的人生观、价值观，培养坚强的意志品质，激发创新思维，培育创新精神，增强创新能力，都将具有重要的促进作用。

创新案例是科学文化的缩影。创新案例的学习宣传，对于普遍提高公众的科学素养，倡导科学思想，传播科学方法，普及科学知识，开启民智，彰显理性，引导人们树立原始性科学创新和突破性技术创新的信心，激发人们的创新意识，提升科技创新水平和能力，实现人的全面发展，同样具有重要的意义。

实践证明，以身边熟悉的人和事作为案例，鲜活、亲切、生动，对提高中国科学院乃至全社会的科学文化素质，推进知识创新工程，是一种有效的形式，已在社会上产生了较广泛的影响。

创新案例讲座自 2003 年年底开始，已经在北京、合肥、上海、长春、哈尔滨等地举办了 9 场。李振声、吴文俊等15位院士和3位研究员[①]先后作了报告。讲座除设立主会场外，还通过远程教育系统和视频会议系统，向中国科学院的11个分院、合肥研究院及部分研究所的近20个分会场进行实况直播。中国科学院京区党委组织力量根据录音对这18位科学家的报告精心编选，整理成本书。

希望院党组办公室、京区党委和研究生院继续努力，把创新案例讲座作为一门常设的特色讲座，成为同学们常听常新、增长才干、提高素质的舞台，成为我院进行文化传统教育的课堂和对外传播科学知识、弘扬科学精神的窗口。

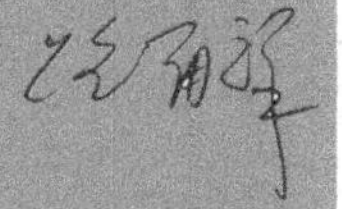

2006年3月14日

① 2013年12月，高福研究员被增选为中国科学院院士。——编者注

目录

01 你打你的　我打我的

吴文俊，男，中国科学院院士，第三世界科学院院士。1919年5月12日生于上海，1940年毕业于上海交通大学，1949年获法国国家博士学位。现任中国科学院系统科学研究所名誉所长，研究员，曾任中国数学会理事长（1985～1987），中国科学院数理学部主任（1992～1994），全国政协委员、常委（1979～1998）。他在拓扑学、自动推理、机器证明、代数几何、中国数学史、对策论等研究领域均有杰出的贡献，在国内外享有盛誉。他在拓扑学的示性类、示嵌类的研究方面取得一系列重要成果，是拓扑学中的奠基性工作并有许多重要应用。他的“吴方法”在国际机器证明领域产生巨大的影响，有广泛重要的应用价值。当前国际流行的主要符号计算软件都实现了吴文俊教授的算法。曾获得首届国家自然科学奖一等奖（1956），中国科学院自然科学奖一等奖（1979），第三世界科学院数学奖（1990），陈嘉庚数理科学奖（1993），首届香港求是科技基金会杰出科学家奖（1994），Herbrand自动推理杰出成就奖（1997）等，首届国家最高科学技术奖（2000）。

报告时间：2003年12月10日

报告地点：中国科学院研究生院中关村园区

我感到非常荣幸，能在中国科学院举办的创新案例系列讲座上，作这个报告。我出生于1919年，正是“五四运动”发生的那一年，我国很多思想家和有识之士，提出了反帝反封建和科学救国等种种主张，这些主张影响了我的一生。我的科研工作，可以说就是在这种思想影响之下进行的。

另外，成败决定得失，认识也有过程。在我的工作过程中，外界的种种影响在我的思想上、认识上也起了很大的作用。因此，我的科研工作，也经常发生变化。趁这个机会，把我的科研工作作一个总结，把成败得失、经验教训向大家报告，希望得到大家的指教。

科学研究，首先要确定比较有意义的方向，其次要仔细考虑研究方法。

我开始科研工作，是在1946年的夏天。在这一年，我认识了当代的数学大师陈省身先生。陈省身先生在那个时候才30多岁，可是由于他在数学上的突出贡献，已经成为举世闻名的数学大师。陈省身先生当时主持中央研究院的数学研究所，他把我吸引到他的研究所作为实习研究员，也就相当于现在所谓的研究生。我在陈省身先生亲自指导下，体会到做研究工作首先要确定比较有意义的方向，其次，在方法上也要仔细加以考虑。当时数学的一个主流方向是拓扑学，特别是拓扑学里面所谓纤维丛、示性类这两方面的研究工作，陈省身先生有巨大的贡献，影响着整个数学的发展。我在陈省身先生亲自指导之下，到1947年春，给所谓Whitney乘积公式一个简单证明，这是我在科研道路上第一个比较有意义的工作，这完全是在陈省身先生亲自指导之下进行的。

科学研究应有比较宽松的学术环境，必须重视交流协作、重视自由思考，甚至不拘一格。

1947年秋天，我去法国留学，先后跟着两位老师，一位是Ch. Ehresmann，一位是H. Cartan，两位都是在全世界有名的、对数学影响巨大的Bourbaki学派骨干人物。除了两位老师以外，我还跟R. Thom博士进行合作。当时我跟Thom先生都在法国的边远地区，到1949年秋天我到巴黎，与H. Cartan先生进行研究，同时跟Thom先生的合作还在继续进行。到了1950年的春天，我们的合作取得了突出的成果。一方面，Thom先生证明了ST-WH示性类的拓扑不变性，另一方面，我引进了新的示性类V，它的定义是VX=SqX，这种示性类后来被称为吴示性类，并证明了ST-WH示性类完全可以用吴示性类明确表示出来，就是W=SqV，这个公式后来被称为吴公式。Thom与我合作所得到的这些成果，在拓扑学上面引起相当大的反响。

同时在法国也出现了许多拓扑方面突出的进展。从1950年以来，引起了某些数学家所称的拓扑地震，使得法国就此成为世界拓扑学的研究中心。这些工作突出的年轻人里边，有这样一些人：J. P. Serre先生，他在1950年在求上同伦计算取得突破，引起了全世界的震动。因此，他在1954年获得Fields（菲尔兹）奖。我们大家都知道，诺贝尔奖没有数学奖，为了弥补这个缺陷，挪威设立了Abel（阿贝尔）奖。Abel是数学家，27岁就去世了，他因在数学方面贡献杰出，已经被公认为19世纪为数不多的最伟大的数学家之一。Serre先生由于1950年的研究工作以及以后一系列在数学上各个领域的杰出的成就，获得了第一届Abel奖。另外一位就是前面已经提到的Thom先生，他在1950年证明流形ST-WH示性类拓扑不变性，另外在1954年创立了协边理论，后者引发了数学里面微分拓扑学这一学门。因为这些工作，Thom在1958年获得了Fields奖。20世纪70年代，Thom又创立了奇点理论与结构稳定性理论，对世界数学的发展具有很重大的影响。他在2003年去世。还有一位值得称道的是A. G. Rothendieck，他在数学上的知识非常广博，被法国人称为数学上的百科全书。他创立了K理论、Scheme理论等，在1966年获得Fields奖。法国由于这些杰出年轻人才的出现，自1950年以来，成为世界拓扑学的研究中心，而且也使得Bourbaki这一学派变成全世界学习的对象。

前面提到的Serre是核心人物。Thom虽然是Cartan先生的学生，但是他并不同意Bourbaki学派的思想方法，他与Bourbaki学派的道路有明显的不同之处。自20世纪50年代以来，Bourbaki学派被全世界所学习、推崇，我从在法国学习的过程中得到这样的体会，即学术应有比较宽松的环境，必须重视交流协作，必须重视自由思考，甚至不拘一格。在这样的一种宽松的学术环境之下，法国就出现了许多具有创新思维的杰出人物，使得法国人才辈出，变成世界敬仰的数学的中心。

在数学上，所谓难的、美的，不见得是好的；所谓好的，也不见得就一定是重要的。

在跟陈省身先生学习和在法国学习的过程中，我对数学产生了这样一些认识，即在数学上，所谓难的、美的，不见得是好的；所谓好的，也不见得就一定是重要的。这个“重要的”怎么样来衡量呢？主要是看它对整个数学影响是怎么样的。这个影响有广度，有深度，还要考虑持久度。我记得我在法国留学期间，跟我合作的 Thom 先生曾经说过这样一句话：法国的国家博士学位要求是非常高的，博士论文的内容在当时是非常有影响的，可是这些博士论文在 50 年以后，还能经常被大家提起，这种论文是为数不多的。所以你要得到一个持久程度的影响，这不是一件容易的事情。在这个地方，我再顺便提一下，前面提到 Bourbaki 学派影响非常之大，在 20 世纪 50 年代，是全世界学习的内容，是被全世界所学习，所推崇的，可是到 20 世纪七八十年代就趋于衰落。这说明即使影响如此巨大的 Bourbaki 学派，在思想方法上，也有值得推敲之处。我们经常会看到社会上出现某种热门，大家热衷于这一种新的论文方向，我想给一些同志提个醒：这种情况是一时的，这种大家都热衷于跟随它的情形，是不是能够持久，应当思考一下。

要预见数学的将来，适当的途径是研究这门科学的历史与现状。

我在 1951 年夏天回国，1951～1952 年在北京大学的数学系任教，1952 年院系调整，我调到了中国科学院的数学研究所，1980 年系统科学研究所成立的时候，我又调到了中国科学院的系统科学研究所，一直到现在。我从 1951 年夏天回国以后，出现一个新情况，就是我跟外界缺少联系，基本上和外界或者外国处于隔绝状态，在工作上陷入一种孤军奋战的情形。在这种情况之下，我怎么样继续进行研究？在过去的许多年，我一直把研究工作局限于拓扑学的示性类和纤维丛这个范围。是不是可以跳出这个范围，扩大我的范围，继续进行研究，是当时面临的一个问题，需要进行认真的思考。

为了解决这个问题，我就进行了形势分析与历史调查，在无意之中，这种做法正符合了法国的大数学家 H. Poncare 所讲过的一句话，他说如果我们想要预见数学的将来，适当的途径是研究这门科学的历史与现状。当时为了要解决我所面临的问题，即怎么样继续进行工作，同时又能够扩大我的研究范围，我对拓扑学进行了形势分析和历史调查。我一直把拓扑学当成几何学的一个部分，一个分支。数学是研究物质状态的数和形，其中研究形的通常称为几何学。如果我研究形的某一个方面，那么就形成这一方面的一种几何学，比如研究度量性质的，就有所谓大家都熟悉的欧氏几何；为了画画或者是拍照，需要把外界的投影投射到一个屏幕上面来，需要研究这样一种性质的，所谓平直性的，在17世纪以来，形成一种新的几何学，叫投影几何；到18、19世纪，许多数学家注意到形的所谓连续不连续这样一种性质，相应产生的几何学，就叫做拓扑学。所以拓扑学早期有另外一个通俗的名称叫做连续几何学。拓扑学的正式诞生，可以说是在19、20世纪之交，是由Poincaré创立的，自此以后，就在美国获得非常大的重视，得到很大的发展，使得美国成为世界拓扑学的中心。除了美国以外，苏联、瑞士、德国、英国等，都有相当强的学派，有相当规模的拓扑学的中心。可是在法国本土，它并没有像其他国家那样得到充分的发展。我留学法国的时候，在拓扑学方面资格比较老一些的数学家屈指可数，也就是三位：一位是Leray，另两位是我的两位导师，Cartan跟Ehresmann。

再分析一下拓扑学发展的历史，20世纪30年代，可以说是拓扑学发展的一个分水岭。在20世纪30年代以前，对应关系是一一对应，是有很强烈的要求的，考虑的许多问题，如打结问题，同痕问题，拓扑分类问题，这是一一对应为主的拓扑性的问题。20世纪30年代以后，就把一一对应限制放宽了，只要考虑多一对应就可以了。其中一个原因是因为出现了有力的新的方法，叫做simplicial approximation，同时在新方法影响下，产生了新的不变量，主要是同伦群。这样，拓扑学就走向新的一类的问题，从拓扑性的问题，变成考虑同伦问题，变成当时拓扑学发展的中心内容。

我分析当时的拓扑的情况，发现一个非常有意义的条件，就是与我当时合作的Thom先生证明ST-WH示性类拓扑不变性这个工具和方法，可以用于考虑拓扑性而非同伦性的这种问题。因此，我在1953年之后，就对这一类拓扑性的、非同伦性的问题，进行了一个全面的检查，尝试由Thom先生引进的那种工具方法，以及我知道的一些相应的方法，全面检查拓扑性而不是同伦性的这类问题。这个尝试当然是有成功，有失败，很大一部分是没有成功的，或者单纯就是失败的。可是也有一些方面，取得了成功，一类是对非同伦性组合不变量的问题，还有一类所谓嵌入问题、同痕问题。我最后建立了示嵌类理论，并由于这个理论及其他工作，在1956年得到了首届国家自然科学奖一等奖。得奖项目的内容一个是示性类，这是在陈省身数学研究所与在法国研究的内容，回国以后继续做的研究工作，还有一个是示嵌类，这两方面工作使我得到了这个奖。

原来领先的研究领域已大大落后于国外，是被动地做下去，还是寻求新的方向？

1958年我到法国讲学，开设了示嵌类理论课程，听众之中有瑞士的A. Haefliger先生。我回国之后，Haefliger在法国继续示嵌类研究，取得了很大的成功。1960年以后，我可以重新进行工作的时候，就引起这样一些思考：示嵌类理论是我开创的，我找到了具体的方法，但20世纪60年代时我已经落后了，因为Haefliger做了大量的工作，我继续做这方面工作，就陷入了被动的局面。那么我是被动地进行下去，还是摆脱这样被动的局面寻求新的方向？这是当时要考虑的问题。1958年的“大跃进”，提出理论联系实际，任务带动学科。这在思想上对我有很大的震动，因为过去一直是为了数学而数学的，对应用根本不加考虑，跟现实世界也没有怎么考虑，所谓两耳不闻窗外事，一心只读数学书，是和现实脱离的这样一种状态。在“大跃进”的思想影响之下，我对于应用变得比较重视，觉得对现实世界不应该完全脱节。就在这种思想影响之下，我对有些与应用关系比较密切的运筹学、博弈论产生了兴趣，这对我的学习研究产生了影响。1965年，我无意之中发现，我开创的示嵌类的方法，可以用来考虑集成电路布线问题，并用这个方法使布线问题最后得到了解决。如果没有“大跃进”时代这种思想上的冲击，碰到集成电路、布线问题我还是不屑一顾的，正是在这种思想影响之下，使得我不仅注意这类问题，而且有意识地真正花工夫来考虑。

1958～1965年，我在中国科学技术大学执教，在1964～1965年开设了几何拓扑专门化课程。这还是以Bourbaki思想体系为中心的，它的构成主要是两个：一个是拓扑学，我请同事来讲授；还有一个是代数几何，我本来是外行，就采取了边教边学的这样一种方式。在教学过程中，我对代数几何得到了一定的了解，提供了新工具、新方法，甚至是新动力，对我日后的研究工作起了相当大的作用。

1965年我参加了“四清”。“四清”回来以后，“文化大革命”就开始了。从1966～1976年，这10年主要是参加“文化大革命”，数学研究工作完全处于停顿。20世纪70年代的每一年都是比较平稳的，有些美国数学家访问中国，他们带来了一些拓扑学在近年的新发展的资料，使我有可能对于拓扑学重新进行研究工作。在研究工作进程之中，又引发了一些思考，就是他们给我的资料中，有许多是手写的，讲学听讲的笔记，里面出现了一些奇怪的符号，从来没有见到过，在任何的书本杂志里面，也没有出现过，也不可能出现，因为这是国外的数学家在互相交流学习的时候，在讲习班或者在黑板上面随便写出来的符号，所以不会出现在书本杂志中，至少一段时期内不会。在这种情况之下，如果要参与这样的工作，你必须要经常与国外的数学家打交道，要经常到国外去，参加他们的讨论班，参加他们的学术会议等。这就使我处于相当被动的局面，所以我当时提出了这样一个问题：怎么样可以找出自己进行研究的一条路来，可以不受国外的影响，用不着经常到国外去，就在国内，我也可以自己进行我的研究工作。这是面临的一个问题，必须要加以解决。

在1966～1976年“文化大革命”期间，就如何解决这个问题，关肇直同志给了我非常大的影响。我过去对恩格斯的自然辩证法一无所知，关肇直同志当时带动数学研究所的许多同志，一起学习恩格斯自然辩证法，使我知道研究数学，不仅是研究数和形，而且应该研究现实世界中的数和形。这个数和形不是脑子里空想脱离实际、抽象的事物，而是植根于现实世界的、思想上的影响。关肇直同志经常说，数学上扎根国外，追随国外，但不经常去国外，不能久留国外，你该怎么办？关肇直不仅提出这个思想，而且他身体力行，提出了关肇直道路。他在数学研究所成立了控制论的研究室，他把研究方向与卫星和航天这些部门直接联系，研究课题就来自卫星和航天部门，他在数学上提供了这些部门所需要的一些解决的方法。这说明，关肇直的这种不要扎根国外、追随国外，而要立足国内的思想不仅应该受到大家的重视，而且也是行得通的。关肇直同志自己就做出了榜样。在这样的影响之下，我当时自然地就想我应该怎么办，是不是也像关肇直同志那样，寻找一条道路，可以立足国内，不受国外的影响。这是当时在思想上所引发的一个问题。

在“文化大革命”期间，数学方面的研究当然是完全停顿下来了，可是我觉得还有一个收获，就是在思想上面得到了很大的解放，就是说我可以不完全整天纠缠在数学范围以内，而是可以放眼世界，立足国内，对于周围得到比较深的认识，在此影响之下，寻找自己应该走的道路。在这个时期，很自然地学习了自然辩证法，也学习了《毛泽东选集》，从中得到许多启发。这对我的工作有很深刻的影响。在当时还提出了这样的一句话，叫做“你打你的，我打我的”。在这句话的影响之下，结合到我自己在数学上的研究工作，我应该想方设法解决“怎么样你干你的，我干我的”。国外干国外的数学，我在国内应该寻找我在国内干的这个道路、方法。可是具体怎样解决这个问题，当然是相当困难，心中无数。

我发现中国古代数学与西方源于古希腊的公理化的数学有完全不同之处，从而提出数学机械化研究的新领域。

1974～1975年，机会来了。当时关肇直同志建议，数学研究所全所学习中国的古代数学，另外，我被下放到计算机的工厂向工人阶级学习。这两件事给了我一个很好的机会，使得我原来这种比较渺茫的“你干你的，我干我的”的打算，得到了具体的解决途径。在学习中国古代数学的过程中，我发现中国古代数学跟西方源于古希腊的公理化的数学有完全不同之处。西方的源于古希腊的现代数学，是一种公理化研究体系，追求定理证明的这样一种数学。而中国的古代数学，根本不考虑定理，更不考虑怎么证明定理，它主要的目的是要解决形形色色实际中提出来的问题，由此导致这个解方程式的方法。中国古代数学的许多结果不是由定理的形式来表示，而是用算法，所谓算术的“术”来表示的。这个“术”就相当于现代意义下的算法。而算法是所谓计算机科学的灵魂。因此，在学习中国的古代数学以后，我了解到正好适合计算机时代的一种算法的数学，或者叫计算机数学，或者我个人称为机械化的数学。在1976年与1977年之交，我就根据我当时的思想认识，在几何定理的证明上进行了尝试。当然那个时候没有什么像样的计算机，我就用手算，就好像我自己是一台机器，就仿造机器的动作，一步一步手算来进行定理的证明。在1976与1977年之交，经过好几个月的艰苦尝试，终于取得了成功，产生了所谓几何定理的机器证明。这在国外引起了相当大的反响。20世纪80年代以来，把这个发展成比较有系统的，范围比较广，不仅限于数学，而且渗透到、应用在许多不同的领域，就叫做数学的机械化。反正在“你干你的，我干我的”这种思想指引之下，再加上种种机缘巧合，刚好碰到中国古代数学的学习和计算机的学习，我终于找到了立足国内、不受国外影响的中国自己的道路，或者说是源于中国古代数学的机械化数学。

具体地讲，中国古代数学一个辉煌的成绩，就是解“多项式”方程，许多实际问题，最后往往变成方程形式，特别是多项式方程组。解多项式方程组，就变成中国古代数学发展的一个核心问题。元朝的朱世杰用来解任意多项式方程组的思想路线和具体的算法在现代形式之下，就可以表示成这样的一个支持整个我说的数学机械化或者机械化数学。现在这方面已经发展成一个有相当规模的、比较有力量的队伍。不仅在数学理论的各个方面，而且在实际应用的许多方面，都取得了某种程度的成功。但是，总的来说，我们还只是处于起步阶段，必须在这个方向上，继续迈进。

2001 年，我很荣幸地得到了首届国家最高科学技术奖。对此，我衷心感谢党、国家和人民给我的支持及给我的各种荣誉。我将以我的余生，继续在数学的道路上前进，一方面答谢党和国家、人民对我的工作给予的荣誉，另一方面这也是我继续要做的工作。

李振声，男，中国科学院院士，第三世界科学院院士。1931年2月生，1951年毕业于山东农学院农学系。1951～1956年在中国科学院遗传选种实验馆任研究实习员，1956～1965年在中国科学院西北农业生物研究所任助理研究员、研究室副主任，1965～1987年在西北植物研究所任助理研究员、研究员、研究室主任、副所长、所长，1983～1987年兼任中国科学院西安分院与陕西省科学院院长，1987～1992年任中国科学院副院长兼遗传研究所所长，1992～1997年任遗传所植物细胞与染色体工程国家重点实验室主任，现任该实验室学术委员会主任。

李振声长期从事小麦与偃麦草远缘杂交与染色体工程育种研究，育成小偃麦八倍体、异附加系、异代换系、易位系和小偃4、5、6号等系列小麦良种。利用偃麦草蓝色胚乳基因作为遗传标记性状，首次创制了蓝粒单体小麦系统、自花结实缺体小麦系统，建立了选育小麦异代换系的新方法——缺体回交育种法，为小麦染色体工程育种奠定了基础。近10年来开展了小麦高效利用土壤氮、磷营养元素研究，完成了种质资源筛选、生理机制、遗传规律和育种研究，开辟了作物营养遗传育种研究的新途径。在国内外学术刊物上发表论文60余篇，出版专著3本。

李振声曾获全国科学大会奖，陕西省科技成果一、二等奖，国家科技发明奖一等奖（1985），陈嘉庚农业科技奖（1989），何梁何利农业科技奖（1995）。

报告时间：2003 年 12 月 10 日

报告地点：中国科学院研究生院中关村园区

我于1950年进入中国科学院工作，工作了5年，就响应周总理的号召支援大西北，在大西北一待就是31年。1987年院里叫我回来做副院长，因此，我又回到了北京。今天我报告的内容分为两个部分：第一部分是科研选题要有前瞻性；第二部分是学科交叉促进科研创新。在谈第一个部分之前，我想首先谈一谈在北京的最初5年期间，我所接受的传统教育。我觉得有一些精神应该传递下去，今天我们的报告会，就像当年中国科学院组织的报告会一样，现在我就谈谈当时听的几个报告，在这些报告中，有些话我50年不忘，应该说是受益终生。

要学会学习，要学会工作，要有辩证唯物主义世界观和人生观。

我记忆最深刻的报告有三个：第一个是华罗庚先生如何学习的报告；第二个是钱三强先生如何做科研的报告；第三个是最著名的哲学家艾思奇讲唯物论和辩证法的报告。我整理了一下，相信大家听了一定会受到很多启发。

治学的要点是勤奋学习加积累

首先回顾一下华罗庚先生讲演中的要点，我用了回顾这个词，不一定是原话，我想到的，大致有四句话。第一句是天才在于积累，聪明在于勤奋；第二句是别人起床的时候，我已经学习了4个小时；第三句是我研究数学是从小学数学教科书1～6册开始的。我想第一句话指出“聪明在于勤奋”，第二句话就说明了他勤奋的程度：别人才起床，他已学习了4个小时，还不勤奋吗？正因为他很勤奋，所以他很聪明。他注意积累，他说学好小学数学1～6册，对他以后的数学研究起了很大的作用。我们平常说：万丈高楼平地起，基础打不好，后面的楼就盖不高。正因为他勤奋加积累，他就成为天才的数学家。第四句话就是要学会读书，要能将一本厚书读薄。我想这个道理很多人都能理解，要能够把一本书中真正的精华学到、领会到，这一本厚书就变薄了。任何一本厚书，精华都不会太多，当你没有学通的时候，觉得很厚，只要真正学通了，抓住它的精华，它就变薄了。这是我的体会。这几句话，是华罗庚先生治学精神的总结，也是教育后人的名言，我觉得我们应该铭记和深思。

科班训练十分重要

下面谈谈钱三强先生的报告，因为那个时候中国科学院很小，就是二三百人。他告诉我们，他是居里夫人的学生，在跟居里夫人做研究工作的时候，第一个课题花了4年半的时间，而做第二个课题的时候，难度比第一个课题还大，但是仅仅花了1年半的时间就完成了。第一个课题4年半、第二个课题难度还大，1年半就完成了，原因是什么？他说，第一个课题使他完成了做研究的基本训练。我们现在叫科班训练，做研究生实际上就是进行科班训练。通过科班训练，锻炼独立思考、分析问题、解决问题的能力。我想大家如果做到这三点，你就完成了科班训练。

辩证法指导科学研究

第三个报告实际上就是讲哲学。郭沫若老先生当时是全国人大常委会副委员长，请到艾思奇先生用半年时间给我们讲了六讲。今天我不能讲很多，只是粗略地摘了两句话：一句话是辩证唯物论是关于自然界、人类社会和人类思维即世界一切现象的最普遍的发展规律的科学。它是自然界、人类社会、人类思维规律的概括，共同的规律。另外一点，由于辩证唯物主义的思想是各种科学规律的概括与综合，所以辩证唯物主义是各种科学发展的指针。也正因为它本身来自于各种科学规律，反过来就可以帮助各种科学研究找出正确的方向。所以学习辩证唯物主义很重要。关于怎么学习，他讲了毛主席的一句话，读马克思的《资本论》，读一千遍也不行，问题主要是要联系实际，不但要学习理论，而且要联系实际。我那时候5年的工作，就相当于做现在的一个硕博连读生，当时叫研究实习员，顾名思义就是你虽然工作了，但还在实习阶段，跟现在读硕士和博士一样。上述的三个报告中，我觉得有三点是最重要的：第一是学会学习；第二是学会工作；第三是要树立一个辩证唯物的世界观和人生观。同时我很感谢我的导师冯兆林先生对我的培养，他教会了我怎样具体做研究。

选题首先要搞清现状，然后了解发展历史，最后把两者结合起来预测未来。

我到了西北，就开始独立工作了。那时遇到了许许多多的问题，其中第一个问题就是选题。选题要有前瞻性，有人说正确地选择课题，就等于成功的一半。这句话的意思，实质上讲的就是选题要有预见性，我们现在叫前瞻性。我想前瞻性和预见性是一个意思，有句老话说，凡事预则立，不预则废。前瞻性是非常重要的，问题是怎样才能使选题减少盲目性，提高预见性，真正做出正确的选择？当你遇到问题时，通常总是先把现状搞清，一般是从表面的现象入手，然后追溯问题发展的历史。如果你充分了解了现状，又充分了解它过去的发展历史，并把这两方面情况联系起来进行分析，你就可以预测未来了。这就是前瞻性的基本研究方法，这也是研究问题的普遍规律，我想比较成功的科学家的做法大致都是一样的，无论是研究课题，还是对待人和事物，大概这个办法是带有普遍意义的。

下面我想通过我的工作来讲讲，怎么理解研究现状、怎么研究历史、怎么预测未来。我做的题目是远缘杂交。

西北小麦条锈病大流行

首先从问题谈起，我到了大西北，就应该从大西北的实际去选课题。我原来做过小麦与牧草方面的研究。我到西北后第一个大问题是小麦条锈病大流行，这是小麦的一种病害，这个大流行造成多大的损失呢？减产20%～30%，减产的数量在黄河流域达到50多亿公斤，现在看减产50多亿公斤问题不大，那个时候50多亿公斤不得了，引起了全国上下重视，成为一个非常突出的问题。

我先谈现状。小麦条锈病大流行，为什么大流行，当时我们找了三点原因。第一，发生了条锈病毒性更强的变易新生理小种。我们可以用人的疾病来做个比喻，这样便于大家理解，什么是病毒性更强的病毒呢？比如说SARS，SARS就是毒性更强的病毒。条锈病突变成毒性更强的小种以后，很多小麦丧失了抗病性。第二，它很容易传播，我们说SARS传播是通过飞沫传播，条锈病的孢子可随风高空飞行，可以传播至千里之外。夏天的时候它在西部地区2000米以上越夏，到了秋天就飞下山来，随着风一直传遍黄河流域，然后就是大流行。到了明年的夏天它又随着东风回到山上，这样一个大流行的病害，很难防止，你说切断病原，这么大的面积怎么切断病原，最有效的办法是选用抗病品种。据当时对26个国家的统计，条锈病菌发生新小种变异的速度，平均时间为5.5年，而我们育成一个品种需要8年，8年才能育出一个新品种，这就形成一个很大的问题，即育种的速度赶不上病菌变异的速度，所以当时成为一个世界性的难题。面对世界性的难题，到底做不做？这就是当时我面临的选择，敢不敢上这个项目。

当时育种的途径，主流的办法有两种：一是从世界各地选各种各样的抗病品种与当地品种做杂交。你要培育一个新品种，必须兼备两个条件，即本地的适应性和外来品种的抗病性。这样培育的品种也会遇到上述同样问题。还有一种方法就是诺贝尔奖获得者博洛格提出的方案，选育多系品种，即将主要特性相似，而抗原不同的品系混到一起。他打了个比方很有意思，好比是一个草原，如果30%是干草，70%是湿草，点上一把火，草原着不起来，反过来，70%是干草，30%是湿草，点上一把火，草原就着起来了。这就是诺贝尔奖获得者博洛格的话。我自己到底是跟着人家走呢，还是自己再找一个有点创新性的途径呢？这就是我选择的难题。我那时还年轻，时刻记着中国科学院的三大任务是综合、尖端、基础。当时我就想了一条路子，我在北京时，我的老师让我做了3年的牧草种质资源研究，我发现有些牧草抗病性非常强，各种病菌都不感染，这是我的一点底子。我就想，能不能把这些草的抗病基因转移到小麦中去，草的抗病基因可能不容易产生对小麦病菌的适应性变异，从而育成一个持久性的抗病品种，不至于5年半就失去抗病性，这就是我提出的思路。这个设想到底能不能实现，我没有把握。

从小麦进化中找到了依据

我当时刚好读了两本有关小麦进化和遗传的书，从小麦的进化历史看，上述的设想是可以探讨的，因为小麦本身就是个远缘杂交的产物，用一句话来总结小麦的进化过程，就是由三种野生植物（一种叫一粒小麦，一种叫拟斯卑尔脱山羊草，一种叫二粒小麦），经过两次天然远缘杂交，经过10 000年的时间，形成我们今天的普通小麦。普通小麦最早的老祖宗是一粒小麦，以后与田间杂交拟斯卑尔脱山羊草相遇，经过天然杂交和染色体加倍形成二粒小麦，二粒小麦又与田间杂交粗山羊草杂交形成了原始的普通小麦，又经过数千年的人工选择才形成了我们今天的普通小麦。我顺便讲一下，只有普通小麦可以做馒头，这个基因是从哪儿来的呢？是从粗山羊草那儿来的，粗山羊草给它提供了这样的基因，我们现在才能够吃上馒头和面包，应该感谢这种小草，它对人类的进化作了很大的贡献。

锁定目标，一干到底

了解了这段历史以后，我想既然小麦是远缘杂交来的，为什么我们不能在这个基础上，再找种草来进行杂交，把草的抗病性转移给小麦呢，这样一想我就有点信心了。从 1956 年开始，我们挑了 9 种牧草和小麦进行杂交试验，很幸运，成功了 3 种，其中表现较好的一种叫长穗偃麦草。我集中进行了小麦和长穗偃麦草杂交的研究，这个题目一做就做了 20 多年，这个实验最后取得了成功，育成了抗病、丰产、优质的小麦新品种——小偃 6 号。现在，小偃 6 号在生产上作为骨干品种用了 17 年，是陕西省的骨干品种。它的抗病基因，就是从草里面转过来的。因为这个过程很长，我不能展开。这项研究 1985 年获得了国家发明奖一等奖，这就是我们这么多年的努力结果。

选好一个题目，获得了国家发明奖和陈嘉庚奖，又获得了何梁何利奖，还组织了第一届国际植物染色体工程讨论会，后来还把我选为第八届国际遗传学小麦学会主席（1993 年在北京召开了第八届国际遗传学小麦学会）。所以大家看看选题重不重要，选一个好的题目，有前瞻性，几十年就延续下来了，而且取得了一系列成果。

这里，我作一个小结，回顾过去这一段远缘杂交的历程，我感到正确选题和课题组同志 20 年坚持不懈的努力是我们课题组成功的关键。在理论上和生产上实际的贡献，加上国家改革开放的政策和机遇，才促成了第一届国际植物染色体工程学术会议在西安的召开。这句话我想很重要，没有小平同志的改革开放，怎么可能在西安开这个国际会议呢，所以要感谢小平同志，感谢党的正确领导。我想是不是可以这样说，一个要有前瞻性，另一个要有毅力。只有前瞻，没有 20 年坚持不懈的努力，那也组织不了国际会议。你光前瞻了，到后来不干了，那能有这个结果吗？所以我很感谢我们课题组的同志坚持不懈的努力。

学科间的交叉、渗透与融合，会产生新的思路，找出新的苗头。

学科交叉促进科研创新。我很感谢院领导知识创新工程，给我们提供了机遇。没有创新工程，我觉得我们也不可能有今天这样一个会议。1993年我从副院长的位置上退下来以后，就回到实验室继续从事科研工作，至今刚好10年。在这10年当中，作为一个普通的研究人员，和大家一起努力奋斗，从头做起。在院里工作和研究所工作完全是两回事，在研究所里工作你就是要努力争取科研项目，为研究所发展作贡献。我还是没有松懈，10年争取了三个较大的科研项目，第一是重大基金，第二是“973”项目，第三是重点基金。争取“973”项目有四轮答辩，前三轮都是我来答辩的，后来规定65岁以上的人不能当首席科学家，我就推荐了两位年轻同志担任首席。我今年72岁了，还争取了一个重点基金。

从学科交叉的联合研究中形成创新思路

一个新的研究项目常常需要经过3～5年的预研究作为准备阶段，预研究很重要，对此我有较深刻的体会。通过预研究在发现并形成新的科学思路或者是新的研究方向以后，你再组织跨学科或者跨单位的联合申请，就容易获得成功。因为现在申请项目，必须是新思路，老的根本申请不到。新思路哪里来呢？任何一门科学，它都有从量的积累到质的转变的过程，发展到一定程度，就有点老化，在这个时候，你不通过学科交叉，吸收新鲜血液，找出新的苗头，你就很难继续做。我下面就举我最近申请的例子，说明这个道理。

这个题目属于自然科学基金重点项目，题目名称是提高小麦个体与群体光合效率及光合产物的优化分配。这个项目包括三个部分，提高小麦的个体光合效率，提高小麦群体光合效率和光合产物优化分配。这三个内容，构成了一个比较完整的思路和课题。可是这个完整的思路是向三位专家请教学习才形成的。下边我讲一下，如何向三位专家学习的。

不断学习和消化吸收

先说提高个体光合效率。小麦的光合效率的日变化是在一天之内有两个高峰和一个低谷，上午的时候刚出太阳，到了九点多钟，光照强度和温度最适合光合作用，然后温度升高，光合效率就下降了，到了下午温度逐渐降低，光合效率就升上去了，日落西山又下来了。问题之一是高峰期有没有潜力，之二是低谷期有没有潜力，高峰期的潜力是向沈允钢院士学习的，低谷期的潜力是向匡廷云院士学习的，其他的是向林金星研究员学习的。

沈允钢院士近年来年年到北京，亲自到地里指导工作，他要求非常严格。我们提供了两个小麦杂交组合，第一是亲本京 411 和小偃 54 及其杂种，第二是亲本小偃 54 和 8602 及其杂种，经过光合效率的系统测定后，发现杂种中都有超过双亲的品系，其中第一个组合，超过双亲 10％以上。第二个组合，也找到了超过“双亲”10％以上的品系。在沈允钢院士的帮助下，我们解决了在高峰期提高光合效率的问题。

匡廷云院士帮助我们解决了在低谷时期如何提高光合效率的问题，即在细胞里有一个能够散热的光保护系统，当光照过强时，细胞里会积累过强的光和热，影响着光合作用的正常进行，而有一个系统，叫“叶黄素循环系统”，它可以使多余的光和热耗散掉，使光合作用保持相对正常运转，这又称小麦的抗光氧化作用。

我们将前面所谈的高峰期光合速率高的品种特性与低谷期光合速率较高的特性结合起来，叠加在一起，就获得了光合速率超双亲的杂种后代，这就解决了高峰期和低谷期如何提高光合效率的问题，很有说服力。这就是两位院士对我们的帮助，我们合作得很好。单靠我们自己根本不可能完成这样的任务。光合作用实际上是一门非常复杂的学问，有 8 位诺贝尔奖获得者，我们怎么可能一下就学通呢，就得向内行专家请教，在他们指导下，就可以较快地发现问题和找到解决问题的突破口。所以我们要不断学习，千万不能自满，一定始终要保持谦虚谨慎的态度。我 70 多岁了，在他们面前还是学生。要有这种素质，要有不耻下问的精神，你才能不断学到新东西。

关于光合产物的优化分配，我们还是从研究历史入手。收获指数是指生物量里面能够转化成为粒粒的那一份的比例，老品种碧玛1号的转化率只有37%。农民的说法就叫一麦二草，就是你从田间收获来的小麦植株里边，有一份是小麦，两份是草，古老的品种都是如此。到了后来，丰产3号提高到了40%，小偃6号提高到了48%，接近一麦一草，小偃54提高到了50%，是一麦一草。前几年发现了一个新品系可以达到55%～60%。我就想，我们再努力一下，争取能够达到66%，就变成了二麦一草。一麦二草变成二麦一草，这就是通过光合产物的优化分配来实现的，我们请了中国科学院植物研究所的林金星教授帮助我们对不同小麦植株的形态解剖方面作研究。他做了切片，同时做了基秆的木质素含量的测量，发现新品种的木质素含量提高了。通过增加木质素可以增加基秆的弹性。同时还发现了另外一个指标，即基秆中维管束的面积与基壁的面积比较，相对比例提高了，表面运输能力增强了。这就使我们明确了如何提高收获指数的方向。我们希望通过进一步的努力去实现设想的新目标，即使达不到66%，只要能达到60%以上，也可以说接近二麦一草了。这是我的一段经历，感谢沈允刚、匡廷云和林金星三位老师的热诚帮助与合作。不合作不行，我很赞成路院长提出了创新计划。我的实践证明，这个方向是正确的，希望同学们支持这个方向，而且身体力行。千万不要自己把自己孤立起来，否则很难有大的作为。

从自然科学的发展轨迹看，我说轨迹，就是当研究一个问题时，要看它是怎么走过来的，可以说，现代科学中的许多生长点都是在不同学科间的交叉、渗透与融合中形成的，这是实现科技创新的一条必由之路。我50年的科学实践，深深得益于不断地向其他相关学科专家学习，防止自己头脑僵化。同志们，人老了思想容易僵化，但你经常向别人学习就可以在一定程度上防止僵化，是不断增强思维活力的一条有效途径。据说，现在有一种倾向，就是愿意自己做小题目，不愿与其他人合作，这恐怕对未来科学的发展不利，我提醒同学们注意。同学们，我国国民经济的腾飞和现代科学技术的进步，为大家施展才华提供了极好的机遇，希望你们珍惜在研究生学习阶段的机会和风华正茂的宝贵时光，积累科学知识，熟练操作技术，掌握辩证思维，提高创新能力，将自己锻炼成为一名能承担国家建设重任的优秀人才，为中华民族的伟大复兴做出卓有成效的贡献。祝你们成功！

艾国祥，男，天体物理学家，中国科学院院士。1938 年 2 月出生于中国湖南益阳。1963 年 7 月毕业于北京大学地球物理系天体物理专业，后分配到中国科学院北京天文台，现任中国科学院国家天文台台长，国家大科学工程项目“空间太阳望远镜”的首席科学家，中国科学院数理学部主任，1994 年当选国际天文学第 10 专业委员会副主席，1997 年担任该委员会主席。

他长期从事太阳物理、天体物理方法和空间天文方面的研究，撰有《太阳磁场望远镜的提出和工作原理》、《Progress in Measurements of Solar Vector Magnetic Fields》等论文 200 余篇，主持研制、发明了太阳磁场望远镜、多通道滤光器、太阳多通道望远镜和两维同时光谱仪。主持建成了世界一流的太阳物理天文台——怀柔太阳站，为我国太阳物理进入国际前沿做出重要贡献。

他善于总结科技发展规律，坚持辩证唯物论思想，分析太阳观测仪器的发展历史规律及各主要阶段的重要特征，成功地研制了世界唯一的多通道太阳望远镜，使我国太阳物理研究跨入世界领先地位。1988 年获国家科技进步奖一等奖，1994 年获中国科学院自然科学奖一等奖、国家自然科学奖二等奖，1996 年获何梁何利基金科学与技术进步奖。

报告时间：2004 年 4 月 9 日

报告地点：中国科学院研究生院中关村园区

非常高兴有机会探讨超越发展的一些问题。50多年来我国在科学和技术上取得的成绩，我们这个年龄段的人都或多或少做过一些工作，不过与21世纪的要求比较，与世界最先进、最发达的国家比较，我们仍然存在很大的差距，或者说有很长的一段路程要走。我今天之所以谈超越发展的问题，主要觉得这个问题对于我国21世纪的发展来说，是一个有待进一步提升的问题。

学会用辩证法指导科学研究。

中国科学院党组提出创新、跨越、持续发展的思路。我认为创新和跨越可能是重要的途径和方法。跨越指的是什么呢？我个人理解有两个含义：一个是跨过一些阶段，加快发展，比如原来有五个阶段，我从一跨到三，从三跨到五，不照着老一套走，就快了；另外一个是跨到最前面去。我年轻的时候老师跟我们讲俄罗斯科学家巴甫洛夫说：循序渐进、循序渐进再循序渐进。那么世界事物的发展是不是只有循序渐进呢？循序渐进和跨越发展是事物量变与质变的普遍发展形式，事物发展不仅有循序渐进，也有跨越发展。

循序渐进是准备条件，而跨越是目的。今天我给大家汇报的就是如何实现质的跨越。马克思主义哲学对事物发展规律的描述有一句形象的话——螺旋式上升。我是研究天文学的，一般做研究工作，研究前10年、20年的文献就可以了，再多一点看前50年，而我觉得要超越，要大幅度的超越，光学系统我就看了前400年。有人说老师你这个话是不是说得太大了，但事实上我当时就是这么想的。1966年年底，人们天天有一小时读毛主席语录，学老三篇，对于一个文化程度很高的人，毛主席的东西要不要学呢？当然要学，他的革命辩证法、唯物论都要学，但是天天念这个老三篇，这也不是办法，要学一点更深的道理，要说真实的思想。当时有一个明确的目的，用毛泽东思想指导科学研究。从1611年伽利略发明望远镜开始，1814年有了光谱仪，1938～1944年的时候发明了滤光器。到1953年和1962年，在加州理工学院和苏联的克里米亚天文台，发明了矢量磁象仪，它是最高水平的设备了，但它同时只能看一个点。

1966年我们做什么呢？当时我所在的天文台有两个仪器，一个是望远镜，另一个是滤光器，从苏联买来的。我大学毕业后第三年就修这个仪器，我们居然把它修好了。事物是不断发展变化的，任何一个落后的东西里面都包含着先进的因素，任何一个先进的东西里面都有落后的成分，否则它还要发展干什么？从历史角度看，我们处在一个落后的位置，你不要认为你永远落后，要看到这个落后里面包含的积极因素，类似1611年的望远镜，现在看来是落后了，但它能看到一个面，这一点就是内在的积极因素。美国和俄罗斯仪器很先进，但只能看到一个点，你说点先进还是面先进？点、线、面、体这是几何关系，当然是后者先进。但是另一个因素的发展，是从白光、单色光和单色偏振等内容发展的，两个因素组成了光学系统。历史的发展简单看是螺旋式上升的，我们能不能一步从第二阶段跃到第四阶段，把第三阶段跨过去？我当时20来岁，相信辩证法的魅力，相信辩证法，决定研制太阳磁场望远镜，这是全世界都没有的。我提出这个想法有没有人同意呢？有人同意，但反对的多还是同意的多呢？当然是反对的多了。一个20来岁的年轻人，敢于做世界上最先进的东西，一做就做了近20年。为什么？不承认你，怀疑你。任何重大的发展，都要经历一个被怀疑的阶段，要经得起怀疑、否定、置疑的考验。一怀疑就不给你钱了，一怀疑就不支持你了，我到了49岁才成为副教授，只好自己去干，我从北京跑到南京工厂去干，一干就是15年，南京的夏天非常热，住在草棚里面。我相信彻底的唯物主义是无所畏惧的，我相信这个真理，那时候，什么苦都敢吃，和工人一起劳动，我相信这个东西能做出来。七弄八弄地到了1986年就弄出来了，我们是关起门来搞，也不知道美国人搞什么，交流得很少，不过运气还好，我们独立思考，不抄人家的，结果我们做出的这个太阳磁场望远镜，比美国做出来的两台仪器的功能加起来还强一些。我50岁一出国就访问了25个国外的单位，我去作报告，回来的时候攒了1000多美元。我一去就当了国际太阳天文学会的委员，三年后我当了副主席，又过三年我就当了主席。我们胆子大，心大，所以敢去做，我第一次出国就想要当主席，你说不能当主席，我就要当主席，我还是当上了。

这说明什么呢？青年人不要迷信，要有勇气，有魄力，敢于跟最强大的对手竞争。你现在用的设备、所在的单位或许是相对落后的，但是你不一定跟着走，事物有多种多样的形式，多样化是世界的普遍特征。

我做了三个仪器，20世纪90年代做成了多通道，现在干什么呢？做一个两维同时光谱仪，做了13年了，花了9500万元，还没上星，为什么？因为一个卫星要10个亿，苦得很，现在当所长没有时间搞了，让别人搞了。我从20来岁走到66岁，还没走完。历史真长，人生苦短，所以要只争朝夕，就是要抢时间。你们既要相信循序渐进，也要相信跨越发展，不要说20多岁的人不能干，你们不也取得了很好的成绩吗，这是第一个问题，学会用辩证法，敢于超越。

从优缺点的对比中寻求超越

卫星要拍摄地面，第一代通过什么呢？胶片，柯达胶片。看起来很落后，但它有优点。现在航天员的回收资料都是用这个技术，有什么优点呢？优点是面接收，是一个两维的接收，这个面接收效率高，把望远镜的能量都利用起来了，前进方向没有模糊，卫星向前面走，这时面板也在向前跟着走，就盯着一个固定地面。但是这个系统有一个大毛病，它不能实时处理，把这个胶卷装在像“神五”这样的系统里面才能回来。后来计算机发展了，计算机里面有一个芯片，就变成CCD，用线阵扫描，这个好了，一收下来，就会回来了，是实时拍摄。但是它是不是都好呢？不是，原来是面接收，效率很高，现在丢掉了一维，是一个线，效率就降低了好几千倍。它有优点，也有缺点。在赛跑的时候照相机照出来的相片是模糊的，如果相机跟它的速度一样就不模糊了。后来又发明了32线、64线的系统，一边走电信号一边转移，叫做TDI系统，我们搞这个的时候苦极了，因为美国人就是不把先进技术卖给我们。我们对地遥感相机就卡在这个TDI芯片上面，光学系统我们还是做得出来的。后来我们想你搞的这些我们不要好不好，你不是先进吗，我能不能跨过你呢？能跨过，就是面阵，那CCD有面阵吗，就又回来了，又是螺旋式的发展。刚才我讲的，任何事物都有两重性的，它既有前进的一面，又带来了新的落后面，你看这个线阵系统，比这个照相系统当然先进了，数字化很好，但也有缺点，那么螺旋式发展在对立统一中，还是要发展两维系统。但是，说是这么说，我开发这一技术，开发了多年，我好几个学生跟我一起做，拿这个东西解决对地相机的问题。一个事物，不要只看到它的进步，还要看到进步当中的不足，否则就不能进步了。看起来一个新的东西，科学上对了也不一定行，还有其他矛盾，还有人的观念。所以，我讲的第二个例子，就是要从优缺点的演化中间，找到问题，然后再推进到下一代去。

科学研究要着眼国家战略需求。

1989年以来我就想搞哈勃望远镜，搞GPS。GPS是什么呢？天上有四颗星，信号传输过来，用户接收，可以实现四维定位和定时。有人说原子钟比原子弹重要，因为卫星上有原子钟才能生成这个导航系统，导航信息才能发给每一个用户。我搞了一个什么东西呢？一个新系统，上面用的通信卫星，地面像中央电视台一样，向卫星上发信号，通过这个卫星传输到地面，即把地面生成信息转发给用户。美国人搞GPS花多少钱和时间呢？300亿美元，搞了30年。那这个系统要多长时间呢？两年行不行？差不多。要多少钱呢？用美国的1‰不到的钱就能做。为什么？发一个卫星没有三五年根本别谈，天上的通信卫星270颗，用就是了，而且便宜，一个通信卫星里有几十个转发器，我借一两个就行了。人造卫星有三个最有用的东西：一个是通信；一个是导航；一个是遥感侦察。能不能使导航和通信一体化？我既然用了通信系统做这个系统，当然通信系统就可以获得了。简单，不要原子钟了，因为地面的原子钟精度更高，高三个数量级；便宜，1%、1‰的钱；快，美国用30年，我们用两年；先进不先进？发明了一个东西，能把人造卫星定轨定到1厘米。人家是几百亿美元，我们中国人没有这么多钱，那么有没有办法取得同样的效果，更快、更好、更省，这就是给我们中国人提出的目标。我没有什么别的爱好，就是喜欢想新问题，就是想怎么样超过人家，这个就是我的爱好。我的人生追求，就是能搞出新花样。我这里提到国家战略需求，GPS不是国家战略需求吗？花钱多啊，规模庞大啊，一搞就10年8年啊，到底有没有简单的办法？这个办法的产生用了两三个月，提出来是晚上9点，然后睡不着觉，第二天早上3点钟起来了，到9点上班的时候，我告诉副台长，我说把全国的天文专家召集过来论证。他们论证了5天，说行，咱们就开张了。

学科学知识不仅要学具体的科学知识，也要学总的概括的知识——哲学。

循序渐进是需要的，毕竟我准备了7年，但是突破性发展也是需要的。有些东西构思可以在几小时内完成，就是厚积薄发。事物发展不是只有一种规律，而是多种规律，我的讲话仅仅是抛砖引玉。我提一点具体建议，学科学知识不仅要学具体的知识，而且要学总的概括的知识。我在北京大学上课的时候，上完了就要问，如何用一句话来说明这本书说什么。概括是全局性的东西，很简单，但是它在更高、更深刻的层次上把握了这个领域的本质。如果你不能浓缩成三句话来讲，你想看庐山真面目也看不清楚。爱因斯坦具体干了什么呢？什么也没干，就是认为时间和空间是可以变的，实际上这个公式早就已经有了，但是这个就是有战略意义，你要使你的思维在战略的层次上构思。一本书60万字，改进一句话、一段落，那不是战略层次，如果一本书概括出来只有几句话，那么改一句话，就会产生战略层次、全局性、关键性的发明和创造。我是怎么做到这一点的呢？因为我过去特别喜欢读《毛泽东选集》，因为毛泽东创造了新中国，他的思想很丰富，哲学是最基本的学问，为什么呢？哲学对每一门学问都管，但它又是最简单的学问和方法论，因为它包罗万象，一包罗万象就不能太复杂，一复杂就包罗不了了，它是所有的科学的共同部分，它是一个学问里面涉及本质和核心的一些环节、一些方法。哲学是干什么的呢？哲学就是研究发展的学问，邓小平说发展是硬道理，其实哲学是软科学，是软件。用哲学思路来概括和分析问题，就会找到这门学问发展的总思路，这件事对我本人来讲有很重要的意义。现在有的青年人谈起哲学好像不屑一顾，只硬背几句对付对付考试。学哲学不是要花多少时间，需要你多想一想。

在几十年的科研工作中我得到四条启示：要在全局和总体上把握和解决问题；要从对立统一的辩证发展中寻求突破；要有振兴中华民

族的自尊心；要有自强不息的自信心。十几年前有一个华人学者跟我辩论，说无法回国工作，因为中国没有条件。我说中国人不在中国建设，中国怎么能做好呢？我说中国终究不能久居人下，终究要自立于世界民族之林，总有一天要发展起来，这个是我们的责任。你没有自尊心，老瞧不起自己的民族，老瞧不起自己的母亲，老没有这种责任感，那就搞不好。你应说我行，不想当将军的兵就难当好这个兵。青年学者应当说我就要争当将军，我就要争当院士。不要觉得不行，你不要怕我这样的院士，怕他干什么，要在老艾的前面再往前跨越，那我就太高兴了。

04 创新的前提和关键点

李国杰，男，中国工程院院士，第三世界科学院院士。1943 年 5 月生于湖南邵阳，1968 年毕业于北京大学，1981 年获中国科学院工学硕士学位，1985 年获美国普渡大学博士学位。1985～1986 年间在美国伊利诺依大学 CSL 实验室作博士后，研究计算机体系结构。1987 年回到中国工作于中国科学院计算技术研究所，1989 年被该所聘为研究员。1990 年被国家科委选聘为国家智能计算机研究开发中心主任。

李国杰院士现任中国科学院计算技术研究所所长、中国计算机学会理事长、中国工程院信息与电子学部主任、“863”信息领域专家委员会副主任、国家信息化专家咨询委员会委员、全国人大代表。

近十多年，他主要致力于并行处理、计算机体系结构、人工智能等领域的研究并发表了 100 多篇学术论文，合著了 4 本英文专著。目前担任英文版计算机学报主编。几年来，主持研制成功了曙光 1 号并行计算机，曙光 1000 大规模并行机曙光 2000、曙光 3000 超级服务器，领导计算所研制成功龙芯 CPU 并主持科学院重大项目 IPv6 网络研究。其中，曙光 1 号获 1994 年中国科学院科技进步奖特等奖和 1995 年国家科学技术进步奖二等奖；曙光 1000 获得 1996 年中国科学院科技进步奖特等奖和 1997 年国家科学技术进步奖一等奖。曙光2000和曙光3000分别获得2001年和2003年国家科技进步奖二等奖。

1994年获得首届何梁何利基金科学与技术进步奖，1995年，评为获得国家有突出贡献的科学家，1998年，获王丹萍奖，2000年被评为全国先进工作者，2001年国家高技术研究发展计划（863计划）15周年突出贡献奖，同年还获得美国普渡大学杰出校友奖。

报告时间：2004年4月9日

报告地点：中国科学院研究生院中关村园区

有一个心理学家做了一个测试，对创新成果高和低的两组年轻科学家的自信心进行比较，结果发现成果比较高那一组人，表现出相当的自信和对抗社会压力的能力，成果比较低那一组人，则经常想给周围的人一个良好的印象。自信心高，不肯从众的人，才有保持敏锐的触觉发现新事物的可能。路院长在一个会议上说知识创新工程试点几年来，最精彩的收获是人心的振奋，是科学家对创新的自信心大幅度提高。关于自信心，我举几个例子。一个是毛主席，他领导中国共产党把中国从一个落后的半殖民地半封建国家变成一个独立自主的国家，没有自信心，不可能在那么艰难困苦的条件下走向胜利。一个是我们国家做得最成功的一件事情——两弹一星，它是集中力量办大事的典型，从事两弹一星研究的科学家，表现出高度的民族自信心和极大的魄力。还有一个例子是我参观上海飞机设计研究所展览馆，最使我震撼的是馆门口宋健的题词，“站起来吧”。我感到很奇怪，后来问了宋健同志，我说你题这个词对人家是批评，他说我就是要批评。“文化大革命”以前，我们自己研制的飞机和世界的差距不到10年，后来差距越来越大，到现在可能差30年都不止，为什么航天可以搞上去，航空就搞不起来？除了技术上的原因，就是我们组织航空的领导同志没有自信心，也就是没有站起来。

我为什么选一个没有做过微处理器芯片的年轻人负责龙芯的研制。

2000年以前，“863”计划没有安排芯片研制，当时的理由是

“863”计划只有100亿元左右的经费，都给它们还不够，所以干脆就不做了。一直到2000年，我们国家芯片的研制几乎没有多少人去考虑。我那时刚刚上任计算技术研究所所长，考虑计算技术研究所做什么，我认为中国科学院要做一些共性关键技术。什么是共性关键技术，CPU就是计算机最关键最共性的技术，我当时决定做这件事。怎么做？我想找一个跨越的机遇，和俄罗斯合作。当时俄罗斯有一种新的做法，通过二进制翻译，做一个别的芯片和Intel芯片兼容。他们的芯片可以做到和奔腾Ⅲ差不多。当时我们国家正在跟俄罗斯某些研究所合作研制386，我们想从386做起。我给自己定了一条路线，叫做“高起点一步到位”。一步到位不是说今天开始做，明天就和国际上一样，而是说尽最大的努力，不一步一步爬，要跳过386、486、586，直接冲到奔腾Ⅱ。当时没有人答应给钱，我手里就是创新工程那点钱，全所一共2000万元，我拿出1000万元压在这上面，就从1000万元做起。这个时候碰到一个谁来做的问题。刚开始我想找经验比较丰富的老同志负责，没有把胡伟武考虑在内。胡伟武原来研制软件，他做的虚拟共享存储软件“佳佳”很不错，已在全世界20多个国家使用。他过去没有做过芯片，但对CPU的工作原理很明白。有一天他回中国科学技术大学看到自己用分立元件搭的8086CPU，萌发了研制CPU芯片的激情，他给室主任打电话说：“我要是做不出CPU，提头来见。”一个敢拿头来打赌向你请战的人，你敢不同意他吗？我拖了三四个月都下不了决心，因为我把全部家当的一半，押在这个没做过CPU的年轻人身上，他要是砸了，我也就砸了。最后我敢这么做是有原因的，因为曙光机就是这么干出来的。上龙芯一号，胡伟武有什么本钱呢，当时他手下只有几个员工和20多个研究生，做完了以后我发现人才是逼出来的。很多人说人才靠引进，为此我也想了很多办法，计算技术研究所有六七个“百人计划”引进人才，但引进人才不是唯一的办法。从国外引进有一个代价高不高的问题，有对方愿不愿意干的问题，还有你能不能融合人家的问题。而自己去培养，通过大任务去逼，重担子去压，龙芯2C相当于1.3G的奔腾Ⅲ。两年前是讨论做386，从386到1.3G奔腾Ⅲ人家走了快10年的路，而我们两三年就赶上来了。客观地讲，我们现在做芯片的水平和国外还有三年以上的差距。龙芯一号大概差六七年，也就是1997年左右的水平，这两年又赶上两三年，最近我们请了一个国外的评估公司，全世界许多芯片设计厂家都是由它评估的，评估报告有四五十页，最后写了这么一段话：“龙芯设计者是一支年轻的队伍，只有2～3年设计经验，但已被证明在体系结构定义和性能估计方面是一支世界级的队伍（world-class team）。”同志们不要小看这个词，一个国外严格的评估公司，能承认你是world-class team，这是很高的评价。

我为什么选一组多数人没有造过计算机的人去国外造曙光计算机。

我是1987年年初回国的，开始做了两年“863”基础研究，1990年国家成立智能计算机中心，聘任我当主任。我招聘的大部分都是没有造过计算机而只是用过计算机的人。我开始的想法是与研制过计算机的单位联合。智能计算机中心依托在计算技术研究所，而计算技术研究所有好几个研究室造过计算机。跟他们联系的时候，人家说你把钱给我，我给你造出来，你拿去交账就完了。我把这个意见告诉科学技术部，科学技术部说不行，就是因为要有新的思路，才找你来当主任。我只好“揭竿而起”，重新拉队伍。我招聘的年轻人的第一件事是阅读分析UNIX源程序，对几百万行源程序一行一行抠，抠了整整两年。到1992年年初，我派了一组人到美国去，这是一支“轻骑兵”，在国外的大环境中，租一个房子造计算机。开始他们有点心虚，因为这里面大多数人从来没有造过计算机。我说，虽然你们没造过计算机，但你们已经分析了两年操作系统，我相信你们一定能造出来。他们跟我说，李老师你敢把我们派出去造计算机，我们不把计算机造出来，就没脸见家乡父老。这支队伍就是这样被逼出来的。在这一点上，我是深刻体会到毛主席讲的“世间一切事物中，人是第一个可宝贵的，在共产党领导下，只要有了人，什么人间奇迹都可以创造出来”。

树立民族自信心，强化自主创新意识。

最近我和国外的几个研究院院长一起吃饭，谈对国内研究生的看法。我非常坦率问他们，你们公司在全世界都有研究院，既招中国的研究生也招国外的研究生，你们比较一下，中国研究生和国外研究生到底有多大的差距。很奇怪，他们回答几乎一样，说中国的博士毕业生和美国比较好的博士毕业生，大概有两年的差距，两年的差距主要表现在成熟度和眼高手低等方面。我国培养的研究生，尤其名牌学校毕业的研究生，总觉得自己了不起，不太有自知之明。我们讲的自信心主要是指民族自信心和战略上藐视困难，不是孤芳自赏、自以为是。

我们国家目前引进的技术比自有的技术多很多，大量资金投入到引进技术方面，但消化技术的投入很少。有一些经济学家说，技术跟资金一样，都是可以从国外源源不断流进来的，中国的比较优势是劳动力便宜。我觉得要重视引进技术，更要重视自主创新，这有一个自信心的问题。如神舟飞船、高性能计算机都是自主创新搞上去的。我举一个例子，去年 11 月，国际超级计算机大会特别邀请中国派代表团去，要我带队，去了五个人，经费全由他们负担。我们作了一整天报告，下面听报告的有很多是美国人，我们半开玩笑半认真地说，首先感谢美国政府对中国的禁运，我说由于你们多年的禁运，使得我们的高性能计算机蓬勃地发展起来了。他们想派人到我们这里参观，我说参观可以，你们要先打报告到我国商务部，批准让你来参观，我就接待，要是不批你参观我还不能接待你们。做科研要做到这个份上，才能扬眉吐气。

我们有没有能力在对外开放环境下，搞出具有国际竞争力的高技术，并且在市场上有所为，这是对我们的真正考验。我们一定要在竞争的环境中评价成果，不要把在国内领先当目标。同样一件事情，美国在10年前做出来，我们现在做出来，差距是10年，芯片就是这样。要缩短差距，不能靠跟踪，必须自主创新，实现跨越发展。我们和发达国家有差距，并不是我们的科研基础设施比人家差，我们的上网条件和国外也差不多。我们的主要差距在科研的产出效率。日本平均每个人的产出是我们的两倍多，美国是我们的四倍多，我们人均贡献率为什么低于国外，一个原因是自信心不足，不敢啃硬骨头，另一个原因是选题不精，广种薄收，前沿交流不够，还有创新文化和科学精神方面的差距。

选题首要的是分析清楚该不该做。

我国科技界评价科研成果主要是看你做得好不好，而不是评价你该不该做这项研究。我们中国科学院很多成果转化率不高，常常有人问为什么企业对科研成果的接受率不高，我的回答不是转化率不高，而是根本不该做，因为没有转化价值。科研题目是从哪儿来的，有很多是从一些文章，从别人产品白皮书里面找到的。我有一个看法，信息领域真正可能产生重大影响的科研方向并不多，这个话可能有很多人不同意。很多人认为到处都可以出成果，但是现在世界上聪明人太多了，当时爱因斯坦提出相对论的时候，只有三个半人懂。现在超导一出来没几个月，各家的超导都出来了，就是聪明人太多了。在这种情况之下，不是你想做什么就做什么，而是要分析一下，有什么优势，有什么特点，如果和别人做的一样，很可能没有大的作为，别人做完了你再做一个同样的东西，顶多证明你有能力而已，没有什么用。

选题要处理好大方向与小目标的关系。

“863”计划专家组、“973”计划专家组、国家自然科学基金委员会的部门给你出题目，他们给你瞄准，最后你扣扳机，这样很难打中目标。我觉得这个问题不能怪出题目的人，给你的题目相对比较大，只是一个大方向，你要在这个方向更精确地定位。如同告诉你目的是过河，你是架桥，还是采取其他办法，得由你决定。我觉得很多问题是没有想清楚小目标，虽然大方向对了，但是小目标不清楚还是不能成功。

我在国家智能计算机中心干了10年，做的曙光计算机，也是经过几次大的跳跃。“863”计划刚启动时有个智能计算机主题，我担任智能计算机中心主任。我在美国时就做这个方向，我的结论是专用的智能计算机做出来也赶不上通用计算机。我向领导讲要做一个有市场前景的、比较通用的计算机，再加上一些智能应用，我称之为“顶天立地”。1993年研制成功曙光一号后，王大珩院士和国务院发展研究中心的马宾顾问参观后给中央领导写报告讲，“曙光一号的意义不亚于卫星上天”，这说明我们的方向是选对了。

1995年我们又研制曙光1000大规模并行机，得了国家科学技术进步奖一等奖，名气很大，但很难卖出去。为什么很难卖出去呢？我们请软件公司把他们的软件移植到曙光1000，他们讲，我何必跟你移植，你能卖几台？这说明第三方软件厂商没有积极性为我们移植应用软件。这就带来一个问题，我的机器卖给谁，用谁的应用软件？因此，我作了一个重要的决定，底层操作系统直接用国外主流产品，一行代码都不改，我们做高层的机群操作系统，这样就做成功了。现在曙光高端服务器技术一点不比国外差，已经在石油等行业占有十分可观的市场份额。从曙光一号、曙光1000到曙光3000，每一次都有大的变化，这些变化是根据市场要求做出来的，是我们自己提出来的，不是专家组定什么大方向，我们就做什么研究。定位很关键，对计算机而言，除了性能之外，提高可靠性、降低成本也很重要。一讲到摩尔定律，都是讲性能一年半翻一番，我们做15年的计划，按照摩尔定律可以翻10番，到2020年我们个人计算机性能、手机性能，比现在性能可以高1000倍，我怀疑这个要求，手机快1000倍，个人计算机快 1000 倍，真有这个必要吗？我们可以性能提高 100 倍，成本降低 9/10；也可以性能提高几十倍，成本降低几十倍到 100 倍。不要忘了中国还有那么多的农民，还有那么多穷人，不能说只有高消费人群才能用计算机，15 年后，我国将近有七八亿人要上网，这是一个很大的问题，在选题上更多应从国家需要的方向考虑。

好的选题一句话就能讲明白。

我觉得不管基础研究还是高技术研究，不能不考虑科研产出的影响，不能完全凭自己的能力和兴趣来选择方向，因为研究经费不是你的，是老百姓的，是纳税人的，还是要考虑成果的影响。有少数人，可以做更长远的研究，比如说做暗物质、暗能量等，可能 10 000 年以后才能用上，但不能都去搞暗物质、暗能量研究。研究生做论文的时候，选择做什么课题最好用一句话就能说明白，而且应讲到一个中学生都能听明白，这是考核选题好不好的一个标志。我有一个朋友在普林斯顿大学当教授，他做共享存储系统的时候，他的博士论文在全世界是被引用最多的。最近他改变了研究方向，用磁盘信息压缩技术做备份，他可以把磁盘信息压缩 19/20，使得成本降低以取代磁带机。他的研究方向一句话就给我讲明白了。我们做的东西有时候讲了半天，别人也没有听明白究竟想做什么，这个论文选题就有问题。研究生选题，问题出在什么地方呢？大家特别习惯做家庭作业，这是中国的老毛病，一直做到大学，都是靠老师出题，学生永远是答题，你什么时候考虑过出题，没有，到了研究生了，还不会出题。还有一种常见的选题方法是在已发表的文章中找一条狭缝，纸上谈兵，每次都是谈设想和框架，钻不进去，这也是一种不好的倾向。在信息领域，尤其是在工程性较强的方向上，现在许多研究生的论文研究相当于在解的空间任意选了一个点。那个解空间可能有无数多个解，空间是无限的，在无限的空间找某一个点，并没有证明你选的点更好，也没有说明还有没有更好的解，这样的研究有重大意义吗？实际上没有多大的用途。

需求是创新的源泉。

自信心是前提，选题是关键，还有一个就是重视需求。我们国家信息技术落后，但很多需求并不落后，需求是检验创新的唯一标准。20年前有一个调查结论：创新活动是由需求和技术共同决定的，需求决定创新的报酬，技术决定成功的概率的成本。IBM前任总裁郭士纳，他有一本书叫《谁说大象不能跳舞》，你们有兴趣可以翻一翻。他说IT行业受技术控制的程度已经到了荒唐的地步，我想也确实是这样。我们要重视需求，按照未来的需求做技术。

创新的乐趣在追求的过程之中。

最后我讲讲创新的乐趣在哪里。我的一个学生最近做了一篇生物信息学的论文，他投到《核酸》杂志被接受了，该刊影响因子超过7，在计算技术研究所，这样的影响因子是最高的，因为计算机刊物的影响因子多数不到1.0，大多是0.7、0.8，他的文章高达7以上，他说他为此高兴了两个星期，两个星期以后愉快就没有了。他问我搞科研怎么能保持长久的愉快，我告诉他，你的文章得了奖、你升了职以后的愉快是不会长久的，你的乐趣应该是在探索的过程中，这叫乐在其中。你的工作不是为个人，而是为大众。为大众和为自己是不一样的，把你的工作和国家的命运联系在一起，你就有无穷的动力，无穷的激励。

我的结束语：自信自立的信心是创新的前提，前瞻务实的选题是创新的关键，惠及大众的需求是创新的源泉，乐在其中的追求是创新的乐趣。

郭雷，男，控制论与系统科学家，中国科学院院士，第三世界科学院院士，美国电子与电气工程师协会会士（IEEE Fellow）。1961 年 11 月生于山东省，1982 年毕业于山东大学数学系，1987 年在中国科学院系统科学所获博士学位，1987～1989 在澳大利亚国立大学做博士后研究。现任中国科学院数学与系统科学研究院院长、研究员。

他主要从事系统与控制科学研究，在自适应控制、系统辨识、反馈理论和随机系统等方面做出了一系列重要贡献。特别地，解决了自适应控制中几个基本的重要理论问题，包括“自校正调节器的稳定性和收敛性”这一国际自动控制领域长期悬而未决的著名难题；在系统辨识领域，引进了“条件激励”新思想，建立了一般非平稳时变参数动力系统的估计理论，奠定了实际中常用的几类最基本的跟踪算法的严格理论基础；近几年，对“反馈”这一控制论中最基本的概念，提出了定量研究“反馈机制的最大能力与极限”这一基本问题的理论框架，并与合作者一起对几类典型的非线性不确定性动态控制系统，首次发现并证明了反馈机制最大能力的“临界值”或“不可能性定理”等若干基本结果。

曾获国际自动控制联合会（IFAC）颁发的“青年作者奖”(1993)，中国科学院自然科学奖一等奖（1994），两次国家自然科学奖三等奖（1987、1997）等奖励。曾先后被授予“中国十大杰出青年”（1993），“中国青年五四奖章”（1999）等荣誉。

报告时间：2004 年 5 月 21 日

报告地点：中国科学技术大学

20年前，我和同学们一样，也是中国科学院的研究生，和大家年龄相仿，就是20多岁。根据我20年的研究经历，我深切地感到，研究生这段时间，再加上博士后研究的两年，是打基础、做研究最宝贵的时间段。因为这期间人的精力最充沛、时间最集中。一旦毕业以后走上了工作岗位，就会有其他的社会责任，这些都会在一定程度上影响你们的学习和工作。这是我后来才逐渐体会出来的。我也常和我的研究生们讲这段时间的珍贵性，大多数人能听进去，也曾有个别人听不进去，往往临毕业时就后悔了。但时间是不可逆的，许多失去的机会很难再有了，即使能补回来，也要付出更多的代价。所以今天我想把自己做科研的体会和对“创新成才”的理解与大家交流一下。

接到让我作这个报告的邀请后，我确实想了很久。中国科学院是个出成果、出人才的地方，而出成果、出人才的希望正是年轻一代的研究生们。当然，任何一个人成才都离不开当时的历史环境，这个历史环境是随时代的不同而不断变化的。但怎样才算成才？不同的人可能有不同的答案。但无论你对成才怎么理解，我想创新是必要的。创新是一个优秀人才必不可少的基本素质，尤其是对于从事科学研究的人来讲，只有通过创新才能成才。

我认为人生成就的大小，除了先天因素和环境因素外，主要取决于人的主观能动性。而主观能动性又取决于个人的世界观、人生观和价值观。世界观、人生观和价值观是我们经常讲的，它决定了你做人、做事和做学问的态度，这三者当中我认为最主要的还是做人。在报告的后半部分我还要谈到如何做人这个重要问题。

今天我要讲的内容主要有三个方面：第一，谈谈我对时代环境的认识；第二，谈谈对走自己的路的认识；第三，谈谈我对献身科学的几点感受。

20世纪，中国社会环境发生了翻天覆地的变化，从新中国成立到“文化大革命”，从改革开放到现在全面建设小康社会。与老一辈相比，我们这一代是幸运的。为什么这么说呢？我想以老一代的数学家华罗庚先生和陈景润先生为例来讲一讲。

著名数学家华罗庚先生，是中国科学院数学研究所和应用数学研究所的第一任所长，同时也是中国科学技术大学数学系的第一任系主任。他在1946年3月访问莫斯科时在日记中写下这样一段话：“我们又经过苏联科学院所在地的大街……那一幢幢巍峨的大厦引起了我无限的感想，我们中国的科学家，哪天亦能在我们自己国家的伟大的科学院内，安心地埋头做我们的研究呢？”华老的这段话间接地反映出新中国成立前我国的科研环境。

过了20年，到了20世纪60年代中期，在中国家喻户晓的陈景润，当年曾居住在6平方米的小屋中。当时没有书桌，他就把床垫掀起来，趴在床板上，借一盏昏暗的煤油灯，全靠手里的一支笔，耗去几麻袋的草稿纸，取得了对著名数学难题“哥德巴赫猜想”研究的重大突破。他的成果至今在“哥德巴赫猜想”研究中仍居领先地位。

又过了20年，20世纪80年代中期是我们这代研究生成长的年代，与我们这一代相比，在座的广大研究生们又是幸运的。中国科学院数学与系统科学研究院新装修了办公大楼，我们的研究生就在里面工作和学习。新建的学生公寓的住宿条件比陈景润当年要好得多。如果今天华罗庚先生还活在世上，看到这样壮观的办公大楼，他肯定会有另外一番感慨。

刚才我谈了老一辈科学家的成长环境，也谈了你们这一代研究生的学习、工作和生活环境，这只是以我熟悉的数学与系统科学研究院为代表谈的。现在回到我们这一代，以我个人的成长经历向大家谈谈我的成长环境和经验体会。

我本人来自农村，后来也是“土博士”，这两层“土”出身是我常感到自豪的。我出生在1961年，正赶上了三年自然灾害；读中小学时又赶上了“文化大革命”。我的中学教育与大家是无法相比的，无论是知识的广度、深度，还是外语、计算机的能力方面，我们那时一定远远落后于现在的你们。

当年我父亲是村里的支部书记，这在村里就是最大的“走资派”了，他常被“造反派”拉去批斗游街。有一次被批斗完了，在家躺了10多天才能起床。我母亲在村里的学校当老师，受父亲的牵连也被赶回生产队劳动。我的少年时代常常是在惊恐不安中度过的。为什么呢？因为常常担心，不知什么时候，“造反派”就会突然闯到家里来开批斗会；也常常担心，不知什么时候，家里的大门上就会贴满大字报。

从10多岁起，我跟农村其他孩子一样，在放学或放假后，都下地干农活儿，当时什么样的活儿我都干过。现在回想起来，农村繁重艰苦的体力劳动和“文化大革命”中经常担惊受怕所经受的心理压力，无形中锻炼了后来在科研工作中所需要的良好身体素质、吃苦耐劳的能力和经受挫折的心理承受力。

我父亲文化程度不高，只有小学毕业，但他非常喜欢读书和买书；我母亲也很注意我的早期教育，并在我身上寄予了比较大的希望。这在一定程度上影响了我对知识的向往和对成才的追求。

如果“文化大革命”不结束，如果没有恢复高考的制度，或者如果我没抓住机会考上大学，今天我也许还是个农民，顶多是个农民作家。为什么这么说呢？因为当年在农村时这曾是我的人生目标之一。

考上大学是我人生中非常关键的一步。在当今许多人看来，当时的大学生活可能是很枯燥的，就是大家常说的“三点一线”：宿舍—食堂—教室。但当时我们却没有感到枯燥，相反却感到非常充实、单纯而且愉快。

我们这一代，特别是经历“文化大革命”后考上大学的同学们，从十五六岁到三十几岁，一个班的同学年龄虽然相差很多，但是大家对来之不易的学习机会都同样珍惜，对知识都同样如饥似渴，当时那种学习场面至今还令人难忘！

记得有一次，一位老师对没有上早操的同学说了这样一句话：“谁要是能解决‘哥德巴赫猜想’，我就允许他早上睡懒觉。”假如今天的老师再用这样的话教导学生，也许就会让人笑话了。但这句话至少能说明两点：一方面说明，当年作家徐迟的生花妙笔，写的那篇关于陈景润事迹的报告文学所产生的影响非常之大，激励了整整一代、两代甚至更多的青年，鼓励他们走上追求知识的道路；另一方面也说明，当时大家在大学里主要想的是读书、学习和做学问这样一个主题。

大学毕业时，山东大学数学系的几位任课老师经过商量，建议我报考中国科学院系统科学研究所。考上研究生又是我人生中很重要的一步。尽管如此，我的这些经历也是比较平凡的，因为，我和那个时代的许多人一样，都有一些同样的经历，我只是这代人的一个很局部的、很小的缩影。

至于当代环境大家都很清楚了：社会长期保持稳定，经济长期高速发展，人民生活水平大幅度提高，科学技术在中国更受重视。国家实施了“科教兴国”战略，特别是自 1998 年中国科学院知识创新工程实施以来，我们中国科学院各个研究所无论从环境上还是从体制上都发生了非常大的变化。我们的科研条件大幅度改善，学术氛围也十分活跃。全球化、信息化、网络化的发展，使我们与国外的学术与信息交流更方便、更快捷、更频繁。这些为今天的研究生们提供了比我们当年好得多的便利条件。

时代环境总在不断变化，但无论时代“好”还是“不好”，都会有杰出的人才脱颖而出。当然了，好环境更有利于大批人才的顺利成长。科学史上在良好环境下成长起来的人才太多了。但是在这里，我想特别指出的是，逆境有为者也比比皆是。

我国著名的文学家与史学家司马迁在《报任安书》中说过这样一段话："西伯拘而演《周易》；仲尼厄而作《春秋》；屈原放逐，乃赋《离骚》；左丘失明，厥有《国语》；孙子膑脚，《兵法》修列；不韦迁蜀，世传《吕览》；韩非囚秦，《说难》、《孤愤》。《诗》三百篇，大抵贤圣发愤之所为作也。"在古今中外的科学史上，也有许许多多逆境成才的例子。所以说，顺境有利于成才，但不一定必然成才，要看是否懂得珍惜和积极利用有利条件；逆境也可以成才，只要能把困难和压力转变成激励和动力。这样看来，顺境和逆境都能成才。如果我们既能把握好顺境，又能利用好逆境，那么成才就很自然了；反之，如果总是抱怨环境不好，总幻想等着环境变好了以后再努力做事，那么不成才也是自然的。所以要辩证地看待环境对我们的影响。

在这里，我想和大家一起回顾一下著名的科学家爱因斯坦的一段经历。1900年爱因斯坦毕业于苏黎世联邦工业大学，但是毕业后立即失业，到处找工作，没有结果。1902年通过他的同学M. Grossmann的父亲的介绍，受聘为瑞士专利局的试用三级技术员，但在业余时间仍然坚持进行科学研究。当今，我们好多大学生、研究生都面临找工作的困难，这和当年爱因斯坦遇到的情况类似。这段故事至少可以启发我们，如果暂时找不到理想的工作，也不必灰心，如果在困难的条件下，仍坚持自己的追求，也能取得成功。

爱因斯坦在他晚年的回忆录中曾这样描述他当年在瑞士专利局工作时的情形，"……这样，在我最富于创造性活动的1902～1909年当中，我就不用为生活而操心了"，接下来他说"学院生活"会使"一个年轻人不得不去写大量科学论文——结果是趋于浅薄，这只有那些具有坚强意志的人才能顶得住"，"作为一个平民……如果他对科学感兴趣，他就可以在他的本职工作之外，埋头研究他所爱好的问题。他不必担心他的努力会毫无成果"。最后，他还感谢M. Grossmann的父亲给他找了一个“这么幸运的职位”。在今天来讲，如果在专利局找到一个试用三级技术员的职位，不见得我们所有人都觉得幸运，而爱因斯坦在这个问题上却是这样看的。实际上，1905年他连续发表的几篇很重要的文章，包括狭义相对论论文和其他一些重要成果，都是在这里完成的。大家要注意的是，当时他做出这些成果不是在大学，也不是在某个学术研究机构，没有具体的指导老师，也没有研究基金的支持。这启发我们怎样看待环境、利用环境来坚持自己的追求。这个例子会给我们一些重要启示。

“独立思考”、“走自己的路”和“寻求解决具有根本性意义的问题”。

韩愈在《师说》中讲“圣人无常师”，“道之所存，师之所存也”，讲的是求学的道理，谁说的有道理，谁就是老师。我在研究生阶段的前期，除了学基础课和专业课之外，还读过几本有关科学研究方法和著名科学家传记的书，其中有两本书给我留下的印象比较深刻。

第一本是英国著名科学家W. I. B. 贝弗里奇所写的《科学研究的艺术》，里面有这样一段话：“有真正研究才能的学生，要选择一个合适的题目是不困难的。假如他在学习的过程中不曾注意到知识的空白，或不一致的地方，或者没有形成自己的想法，那么作为一个研究工作者他的前途是不大的。”也就是说，独立思考和独立选题对于一个科学研究者来说是至关重要的基本素质。如果一个年轻人在研究生阶段还表现不出自己的独立性和创造性，那么在做科学研究方面可能前途不大。

第二本书是康斯坦西·瑞德所著的《希尔伯特》，这本书对我也产生了一定的影响。该书中有这样一段话：“自从果尔丹自己解决了最简单的情形以来，寻求解答一般问题的人在本质上都遵循着同样的路……希尔伯特想到，要获得预期的证明，唯一的办法是选择一条完全不同于过去的途径。”正是因为选择了一个不同于前人的途径，希尔伯特成功解决了当时的一个著名难题——果尔丹问题。这句话实际上就是讲要克服困难，就要选择不同的方法、走不同的路。

虽然当年读到的这些道理至今仍记忆犹新，但当时并没有深刻的体会。只是几年后，完成了几项研究成果，有了一些刻骨铭心的经历之后，才真正体验到这些道理的正确性，才真正把书上的这些道理结合自己的体会变成了真正的认识。经过了20多年，从自己当研究生到自己带研究生，更觉得“独立选题”和“走不同的路”对创造型人才成长的重要意义。

如果要问在我的研究过程中，哪段经历让我印象最深刻、最难忘，我想就是在我刚开始做研究生的时候，也就是在1983年10～12月初次做研究时所遇到的困难。当时老师给了研究问题后，我就回到玉泉路的研究生院做。当时自尊心和自信心很强，同时也是为了向老师证明自己的能力。我原以为一两个星期之内就能把问题解决，谁知最后却用了两个多月。这两个月中，我吃不好饭，睡不好觉。有几次都快要成功了，到最后一步的时候，发现了一个错误，又回到了原始的地方，一切都需从头开始。当时我的体会是，搞研究就好像攀登陡峭的山峰一样，快要爬到山顶的时候，一失足，一下子滑到山脚下，只好重新寻找路，再往上攀。这个经历使我真正体会到了大学生做练习题和研究生做研究的不同。大学生做练习题，他所验证的结果总是正确的，因为别人已经做过了；研究生做研究，不但要自己找方法，而且所追求的结果是否肯定正确，往往还不确定。有了这段经历我才真正体会到什么是探索，什么是研究，才体会到“独立的想法、独立的选题”的真正含义。

我的导师是陈翰馥院士，自从研究生阶段起，他就一直带领我们把论文投向控制论领域国际上最好的学术刊物。因为老师的工作处于国际前沿，在他的指导和影响下，我的研究工作从一开始就有幸能够站在当时的最高起点上。

博士毕业后，应澳大利亚科学院院士安德森教授的邀请，我立即赴澳大利亚国立大学做博士后研究。在系统控制领域，澳大利亚国立大学是当时国际上最著名的研究中心之一，我在那里度过了两年宝贵的时光。大家知道，澳大利亚是个旅游胜地，但我在做博士后这两年中，基本上都没去参观过，包括举世闻名的悉尼歌剧院。

在博士后期间，我先后与几位国际著名专家进行了合作，使我受益匪浅。国际合作对年轻人成长，尤其重要。正因为有这种体会，多年来，我们对留在实验室工作的年轻人，都建议或帮助他们出国工作一段时间后再回来。对于年轻人来讲，和国际上不同风格的高水平科学家合作，对提高自己很有帮助。

博士后期间的工作使我进一步开阔了学术眼界。工作期满后，我克服了当时环境下的一些困难，按原计划回到了国内。回国后单位暂时无法安排住房，我一家三口曾在中关村化冶招待所一间10平方米左右的平房里住了一年。当时月薪是100元左右，做饭用的是煤油炉。因为煤油炉的气味很大，点火的时候要把它端出去，等到冒完烟、气味散了再端回屋里做饭，做完饭以后再端到外面去熄火。这样的生活现在大家已经很少有机会体验了。

许多人曾不理解我当年为什么要回国。其实我当年回国也是要“走自己的路”，无论为了给国家作贡献，为了学术发展，还是为了生活。

回国15年来，我很荣幸地赶上了中国全面快速发展的大好时代，而且还得到了多方面的支持。从国家到中国科学院的有关部门，再到我们单位的领导、导师和同事，他们给我的帮助非常多。这些关心、支持和鼓励，对我在国内顺利开展科研工作都起了重要作用。

20世纪90年代初，中国科学院就率先在国内实施了很多措施，鼓励青年在国内创业成才，如设立中国科学院青年科学家奖、院长基金，破格提研究员，以及后来出台的很多政策，我都非常幸运地被“惠顾”了。后来我也经常出国进行学术交流和访问，但是我最有代表性的几项工作，都是在国内完成的，包括住在招待所的那一年。

当年我在招待所唯一可用的“书桌”，就是大家在旅馆里常见的小床头柜。那时我常常在夜里，等家人入睡后，用报纸遮住灯光，然后才开始工作。我自己最有代表性的研究工作之一就是趴在招待所的床头柜上完成的。

自从1993年因解决“自校正调节器的收敛性”这一著名难题而在国际上获奖之后，我就开始思考如何在学术上“更上一层楼”。但这不是空想就行的，还需要有进一步的“厚度”和“高度”。为此，我花了较多时间来研读科学发展史、科学大师传记，以及部分中外哲学著作，并结合科学技术发展历史、现状和未来趋势进行思索。

究竟寻求什么样的问题来进行研究？这不单是研究生，也是我们科研人员常常思考的问题。1995年，我在读《爱因斯坦文集》时，看到爱因斯坦悼念马赫的一篇文章，其中的一段话给我留下了深刻的印象：“如果我不是由于像功名利禄之类的外在原因，也不是，或者至少也不完全是由于爱好锻炼智力的游戏作乐而从事一门科学，那么，作为这门科学的新手，我必定会急切地关心这样的问题：我现在所献身的这门科学将要达到而且能够达到什么样的目的？它的一般结果究竟在多大程度上是真的？哪些是本质性的东西？哪些则只是发展中的偶然的东西？”这段话对于从事科学研究的人来讲，都会有不同的体会。我认为，探索哪些问题是最有科学或实际意义的，以及这些问题是否可能对未来科学技术的发展具有根本性意义，才是首要问题。这个探索过程也是我们今天讲的创新过程的首要一步。

因此，我对“创新”两个字的诠释基本有三点：“独立思考”、“走自己的路”和“寻求解决具有根本性意义的问题”。“独立思考”，就是要思、要想，而且要独立地想；“走自己的路”，就是要行、要做，而且还要用不同的方法去做。“思”和“行”都要针对具有根本性科学或实际意义的重要问题。

上述认识对我的科研工作产生了深刻影响，例如，对如何定量研究“反馈的最大能力和局限”这一基本问题的理论探索。大家知道，反馈在现实中普遍存在，是控制论中最基本的概念，也是对付系统不确定性的基本原理。几年坚持下来，与合作者发现并证明几类典型情形下，反馈能力的“临界值”或“不可能性定理”等若干根本性结果，走出了一条独立创新之路。

> **要想做出不平凡的成果，我们在生活中就不能追求常人普遍都在追求的表面东西，就是要做到不平凡，不平凡的行为才能导致不平凡的成绩。**

对于一个真正热爱科学研究的人来讲，争取项目经费不是研究目的，发表SCI论文也不是目的，用论文去赚钱更不是目的，甚至在国际上获大奖也不是研究目的……这些至多是在追求科学真理过程中的“手段”或“副产品”。但在管理和评价体制中，如果“目的”与“手段”被颠倒，或者“正品”与“副品”被颠倒，就是说把“手段”当成“目的”去追求，把“副品”当成“正品”去追求，结果将会大相径庭。遗憾的是，目前存在的许多科研成果评价指标，却在客观上鼓励了这种颠倒！这就是我们看到的目前学术界存在一些浮躁现象的原因之一。

我认为一个好的科研环境，应该是“宽松”与“紧张”的适度平衡。如果我们的管理方法，或者说施加压力的“方向”和“力度”有偏差的话，就必然会导致或“急功近利”或“自由散漫”。光讲“宽松”，恐怕也不行，为什么呢？“人无压力轻飘飘”。历史上很多著名人物能在逆境下成才，实际上是受到一种激励或压力作用。管理与施压的“方向”不对，或者“力度”不对，都会产生偏离我们期望值的效果。

去年《科学时报》征集院士治学格言，我提供的是“淡泊明志，宁静致远”这句话。因为我很喜欢诸葛亮著名的《诫子篇》：“夫君子之行，静以修身，俭以养德。非淡泊无以明志，非宁静无以致远。夫学须静也，才须学也，非学无以广才，非志无以成学，淫漫则不能励精，险躁则不能治性……”我喜欢这段小短文，因为当在一个不太理想的环境下工作时，它可以使我们冷静地想一想到底应该怎么做。当然，当外部环境不理想时，对科研人员的个人毅力确实是个考验！除了正确面对环境中可能存在的不利因素之外，我觉得目前科研人员还需要普遍提高创新的勇气和自信心。

《红楼梦》中的《好了歌》讲“世人都晓神仙好，唯有功名忘不了”，我觉得可以改一下，“世人都晓大师好，唯有世俗脱不了”。也就是说，许多人都想着要做出不平凡的成果，但是在生活上却不舍得放弃一些常人普遍都在追求的表面的东西，不愿表现出一点不平凡。无数事实证明，只有不平凡的行动才能孕育出不平凡的科学成就。

前不久，著名数学家丘成桐先生在我们研究院作报告时，谈到自己成长的经历时提到了鲁迅先生曾讲过的一句名言，并进一步讲道：“路是人走出来的，自己的路更要自己走。”但是坚持走路也不轻松，尤其是走自己创造的新路。

要走“新路”首先要有勇气。老子说“不笑不足以为道”。科学史上有许多很大胆的想法，一开始提出来时并不被人接受，常常被人嘲笑，甚至讽刺。歌德说过“人们若有所追求，就不能不犯错误”，人不犯错误就很难有所进步。如果一个科学家总是谨小慎微而不敢大胆开拓创新，总怕有风险，总怕犯错误，总怕别人笑话，那就会犯“更大”的错误，因为这样最终不可能取得重大成果。要知道，许多大成果都是在多次失败后取得的。

孟子有这样一句名言：“天将降大任于斯人也，必先苦其心志，劳其筋骨，饿其体肤，空乏其身……”这就是说，只有经过“艰难困苦”才能“玉汝于成”，急于求成是不行的，寻找成功捷径也是会落空的。这个道理大家都明白，但是真正做起来，还需要个人去感受。

上面主要谈了创新的问题，现在我想谈一下做人的问题。

要做事，先做人；要成功，先吃苦；要创新，先积累。

我最想说的就是“要做事，先做人”。我们可以这样来理解这句话，首先，一个人不是孤立地生活在世界上的。要做成一件事，光靠一个人往往是不行的，还需要大家的配合、支持和帮助。如果不能很好地做人，得不到大家的支持和帮助，事情是很难做成的。其次，如果做事没有认真负责的态度也不行。毛主席说过“世界上怕就怕认真二字”，认真的态度是非常重要的，它是任何人走向成功的必要条件。再者，如果想在做学问上达到比较高的层次，还需要在做人上有较高的境界来支撑。如果做人的境界上不去，就会或者因为心胸狭窄而使做事的层次难以上去，或者因为急功近利、惧怕困难而使做学问的境界高不上去。因此我说，如果不先学会做人，就难以做好事业。

谈到“要成功，先吃苦”，比如说做研究，如果怕吃苦，就可能会选一个不是很困难的题目来做，遇到困难时也可能会坚持不下去。有不少人都想少吃点苦就达到目的，这是不可能的。实际上，这些行为的背后都涉及做人的态度这个根本问题。

关于“要创新，先积累”，说起来很简单，但做起来却不一定容易。从系统的角度来看，创新不是一个孤立的概念，孤立起来也无法创新，创新要依赖于许多其他人的工作，需要其他方面知识和其他因素配合。积累是创新的基础，牛顿都讲他是“站在巨人肩上”。

20世纪上半叶，为了从根本上改变中国社会面貌，无数革命先烈曾以“舍己为群”、“牺牲小我、成就大我”的可贵精神献身于革命事业，使中国人在世界上站立起来，这当然是奉献精神。今天，为了祖国科学技术事业的发展，也同样需要一大批自信自立、甘于寂寞、敢于拼搏、勇于献身的科技工作者！

最近，中央提出了新的科学发展观，中国科学院领导也提出了新的科技发展观。祖国科技事业的希望主要寄托在年青一代人的身上。长江后浪推前浪，一代更比一代强。我想，有了好的方针指导，有了良好的科研环境，再有广大优秀青年人才的不懈努力，我们的科学事业一定会迎来一个大发展时期。

最后衷心地祝愿各位同学勇于创新、早日成才！

06 青年学者的定位与成才

张亚平，男，分子进化生物学和保护遗传学家、中国科学院院士。1965年生于云南昭通。1986年毕业于复旦大学生物系，1991年在中国科学院昆明动物所获博士学位，1992～1994年在美国圣地亚哥濒危动物繁殖中心（CRES）分子遗传实验室作博士后研究。现任中国科学院昆明动物研究所研究员、所长。

他主要从事遗传与进化研究。在哺乳动物的分子系统发育、东亚人群的遗传多样性与中华民族源流、濒危动物的遗传多样性及其保护、家养动物的起源与品种分化、分子钟、基因的起源进化和生物适应进化机制等研究方面取得了显著成果。已在*Nature*、*Science*等SCI刊物上发表论文170多篇。

他先后获国际大奖“生物多样性领导奖”、中国青年科学家奖、何梁何利基金科学与技术进步奖、中国青年五四奖章。

报告时间：2004年5月21日

报告地点：中国科学技术大学

我非常高兴有此机会跟广大研究生们交流我在研究工作当中所经历的一些事情，希望我的一些体会能够给大家一点点启发。同时，通过与大家的交流，希望对我的工作也有所启发。我今天讲的内容是结合我自己的工作来谈的，所以有很多专业上的局限性和专业的色彩，自己的认识也有限，有不对的地方，还望大家批评指正。

云南面积只占我国国土面积的4%左右，但是所拥有物种在全国占了50%以上。这样丰富的物种对开展生物多样性研究提供了得天独厚的条件，这也是我几次选择到云南非常重要的一个因素。

首先，我简要地介绍一下我的工作，因为我下面要谈到的内容，与我的工作有很大的关系。我的工作包括以下几个方面：①通过合适的遗传标记，研究动物系统演化中的一些重要和疑难的问题。②我们把系统发育的思想，运用到群体的水平，研究人和动物的遗传多样性。例如，中华民族的源流及不同民族之间的关系。我们已构建了一棵基于全序列的东亚mtDNA世系的系统发育树，这对我们研究东亚人群的关系，以及线粒体遗传病都是非常有帮助的。同时我们也研究一些家养动物的起源。例如，世界上有形形色色的狗，差异非常大，它们到底有没有共同的祖先？通过我们的研究表明，狗的确是有共同来源的。我们还开展了一些濒危动物的群体遗传研究，为物种保护提供科学依据。③遗传病相关基因。例如，通过我们的研究，发现白化猕猴实际上是由于基因突变造成的，是一种遗传病。④目前非常热门的基因组工作。我们对基因组信息进行分析，研究基因的起源和进化，包括基因的序列进化与其结构功能的关系，我们主要是想了解基因的进化与动物环境适应有什么样的关系。这些年来，我们在*Science*、*Nature*等SCI刊物上发表了100多篇论文。我本人也于2002年非常幸运地获得世界生物多样性领导奖，这个奖不光是对我个人工作的认可，也是对我们整个研究群体工作的肯定和鼓励。

回顾我的成长历程，我认为有几次选择是非常重要和关键的。

第一次是高考填报志愿的时候，我幸运地选报了复旦大学生化专业。对于我来说，当时选择生化专业完全是一个巧合，并没有经过太多的思考。那个时候自己对生化专业并不了解，只是高中时生物和化学成绩较好，对生物也比较感兴趣，就糊里糊涂报了复旦大学生化专业，并幸运地被录取。

第二次是大学毕业时面临的继续深造还参加工作的选择。我于1986年大学毕业，当时有同学选择直接参加工作，而我对生物学非常感兴趣，仔细考虑后觉得还是考研对自己今后的工作更有帮助，因此决定继续深造。这时又面临另外一个选择——到底考什么专业、考哪里？我对生物学和经济管理都有着浓厚的兴趣，但我对动物遗传更感兴趣，而且考生物专业的研究生把握也大些，所以最终还是选择了生物专业。当时在复旦大学，较流行的是考本校的研究生或者上海的研究所。我也在这个问题上犹豫再三。要是考本校，我当时成绩虽说还可以，但并没有考取的绝对把握；另外，当时复旦大学生物系里没有动物遗传学专业。因此，基于多方面的考虑，我决定考其他学校的研究生。那时不像现在有网络，我们就靠看一些文献来获取信息。后来通过看文献发现中国科学院昆明动物研究所的施立明先生在动物遗传方面做得非常好，而云南素有“动植物王国”的美称，有丰富的动物材料。我又从我的老师那里得知施先生正好是复旦大学毕业的。如果分数上线了，通过学校老师的推荐，被录取的可能性较大。再说我是云南人，在昆明读书的话离家也近一点。因此我最终选择了报考中国科学院昆明动物研究所，并如愿以偿地投入施先生门下。我认为从大学到研究生阶段是非常重要的，这个阶段对自己今后的发展定位起到了一个基石作用。这时候能不能选择到一个比较适合自己今后发展的方向，在这个方向上能不能选择到比较好的导师，从我自己的体会来讲是至关重要的。

第三次是 1994 年在美国作博士后研究时，我的导师不幸去世，我选择了回所接替他的工作。我在昆明动物研究所拿到博士学位之后，就到美国去作博士后研究。到 1994 年的时候，施先生病故，他所创立的实验室发展进入低潮，需要有人接替他的工作，这时候研究所非常希望我回来。我的老师在去世之前也非常希望我回来。当时突然遇到这种情况，坦率地说还是比较犹豫的。因为那时候我在美国的工作比较顺利，是正要开始出成绩的时候。关于是否回来是经历了一番思想斗争的。首先，觉得有份感情在这儿，因为我是施先生培养出来的，也是这个研究所培养出来的，觉得有责任回来接替施先生的工作；其次，觉得在美国发展，也还需要一定的时间，而我回国后就能有一个独立的发展空间，应该也是一个机会。再加上云南省丰富的生物多样性，对于我开展研究来讲有得天独厚的资源优势。

在这两次选择中，我都决定回云南，当时很多朋友不理解。实际上，选择到云南去，是我当时觉得云南对我的事业发展可能会非常有帮助。回来后随着工作上逐渐做出一些成绩，其他一些机会和诱惑也多起来了。虽然有一些到北京、上海等地工作的好机会，但我还是选择了留在云南，因为我觉得云南确实是我开展研究的好地方。刚才我讲到了我的研究主要是从遗传这个角度来研究生物多样性。云南有非常丰富的生物资源，有各种各样的生态环境，有各种各样的动物，也有很多的少数民族。云南省面积只占中国国土面积的 4%左右，但是拥有的物种在全国占了 50%左右。这样丰富的物种资源为我开展生物多样性研究提供了得天独厚的条件，这也是我几次选择到云南一个非常重要的原因。在我们发展的每一个阶段，总是需要思考我们将来的定位如何，我们的发展目标是什么。结合自己的兴趣和发展目标，来做相应的一些选择，对我们长远发展是很重要的。

在有限条件下，研究的定位与特色问题。——我们的做法是选择一些前沿的、重要的科学问题，与我们一些特色的资源材料结合起来，通过对一些特色资源进行研究，能够回答大家一些普遍关心的重要问题。

1986年我考到昆明动物研究所施先生门下做研究生。施先生在我们国家做细胞遗传学中染色体的进化研究是非常有名的，所以这个实验室是做染色体起步的。那时，施先生认为学科的发展，已从细胞水平发展到分子水平，所以决定开始在分子水平上开展研究。那个时候，我们的条件非常有限，在座的研究生可能很难想象当时的研究条件。大家知道做DNA要用微量的移液器，但是，我刚开始做的时候没有那个条件，我们就用微量注射器取液代替，若干个烧杯摆在那里，每取一次样品，就需要通过逐级清洗的办法清洗微量注射器中的残留物。用近乎原始的方法与勉强凑合的条件开始了实验。那时我的导师对我讲：虽然我们的条件非常有限，但是已经花了这么多钱开展这方面实验，你一定要想办法做好。所以我当时的压力也非常大。也有对我很关心的老师劝我不要接这个课题，万一做不出来，就毕不了业。当时可能是初生牛犊不怕虎，也想做这个课题，就开始了实验。一开始做得不是很顺利，后来施先生派我到成都学习技术，回来之后经过努力把这个课题给做出来了。其中关于大熊猫研究的文章也被*Nature*接受发表。这段经历给我很大的启示，在这样的条件下跟别人硬拼是不行的，很多工作没有办法开展，要选有特色的工作，还要选好突破口。当时我们是这么做的，也算是运气好，做得还算比较成功。现在回过头来看，那时我们的条件真的是十分艰苦，所以我现在非常羡慕大家，包括我的研究生，他们的条件比我们那个时候好多了。但是，我也非常庆幸自己经过了那段经历，知道了即使在最艰苦的条件下，我们也能开展研究。经过这段路之后也知道了，怎么通过努力一步一步把工作做出来，一步一步改善我们的条件。所以，这段经历对我来讲是刻骨铭心的，对我今后选择怎么做研究也起到了非常重要的作用。

与这个相关的问题，就是我们在有限条件下研究的定位与特色问题。我 1995 年 1 月从国外回来时已属非常幸运的，因为得到了中国科学院的特别支持。但是与国外相比，我们很多工作做起来仍然比较困难。我想，既然回国工作，我们还是要想办法在国际上有一些竞争力，这个时候该怎么办？总结研究生的那段经历，记起施老师给我们讲的，做研究一定要有特色。所以，我考虑在条件上我们拼不过别人，就把重心放在特色上。一开始我们选择一些特有的动物类群进行研究，一段时间后虽然也不能算不成功，但也发现了严重的问题。因为我们的工作虽然在国际、国内刊物上发表了一些论文，但是所产生的学术影响仍然十分有限，要想发表到国际著名的刊物上，总是不成功。经过仔细分析才意识到，我们过分注重特色了，而科学研究最重要的还是寻求具有普遍性的规律。如果太追求特色就容易丢掉普遍性，你做出来的东西，即使能够做到极致，但在学科发展上的贡献依然是非常有限的。正是经过对这一番可以说既成功也失败的经历的思考后，我们意识到，要想更上一个台阶，必须对我们的研究思路进行重大调整。首先，我们要选择一些比较重要而有影响的科学问题进行研究；其次，在有限的条件和经费情况下，我们要跟别人竞争，还必须考虑形成特色。我们的做法是选择一些前沿的、重要的科学问题，与我们一些特色的资源材料结合起来，通过对一些特色资源进行研究，回答一些大家普遍关心的科学问题，从而形成一条在国际上有一定竞争力的，也能够有所发展的道路。经过这样一番经验教训总结和思考之后，我们及时地调整了研究思路，使我们的研究很快上了一个新台阶。我们所做的工作在国际上引起了比较大的反响。显然，在研究中需要不断思考，其中要侧重考虑我们研究的发展方向、科学目标及研究策略。

我们每去开拓一个新方向，都要思考，做这个新的东西，怎么开拓它；能不能在新的方向上形成新的竞争力；对我们整个工作发展能不能有所提升，有所发展。

在研究当中也需要不断思考，当然这个思考还要考虑到我们研究的发展，我们每个人做研究都要对自己的工作有定位，希望达到什么样的要求，希塱实现什么样的目标。我回国之后也一直经受着要求发表论文的压力，这个大家都是一样的，研究生都想着能够发表更多的论文。但是有个矛盾，就是论文数量和质量的矛盾，就是说你怎么才能形成系统性的工作。实际上，哪怕是一篇重要的论文，也会远远超过一大堆没有影响的论文，或者说对科学贡献也是很大的。根据我自己的体会，为了形成系统性的工作，还是应该静下心来花点时间去积累。往往在工作要上台阶的时候，可能也是最困难的时候，就是差一口气的时候是最困难的时候。在还差那么一点的时候，忍不住把它弄掉了，就是说一个系统工作差一点没有完成。本来很好的一篇文章，如果要追求文章数量，分成几篇文章，最后你的文章发表出来可能不会产生更多的影响。所以我想，尽可能静下心来追求一些更高质量的，或者是更系统的工作是很重要的。短期发展、中期发展与长期发展之间，要找一个平衡点。对长远个人发展来讲，有一些精品工作是最重要的，而不是文章数量的问题。

在我们做一项很熟悉的工作的时候，突然换另外一项新工作，会有很多困难。但是科学发展是非常快的，所以在研究过程当中，不能认为一辈子只做一个东西，做好就行了。有些人就能不断做出新的东西，有所发展。从我来讲，我觉得我读研究生的这段经历，的确受到很大影响。当时我的老师在细胞学遗传方面是很有名的，后来他决定发展分子遗传学工作，而且是花了很大决心做这件事情。所以，当时那段经历给我们很大的启示，我们发展必须寻求科学发展，我们的研究方向也需要不断调整和创新。我在研究生的时候做的是分子系统学，应该说后来在动物分子系统学方面我们在全国也是做得最好的，现在仍然有很多东西可以做。但是我们也意识到如果仅仅这样做下去，还是缺乏发展的后劲。所以，我们后来又把系统学的思想扩展到群体水平，做亚洲人群的源流及家养动物起源的工作。如果没有这些方向上的调整，我们可能就不会有现在所取得的一些重要成果。还有基因组的发展，我们又把我们的一些工作从用 DNA 做一个标识的研究，发展到直接研究基因组里面的一些问题。但是，有一点，我们每一个新的发展，不是完全追求热门，我们都是在找一些结合点，或者是在寻求一些领域，当时看起来还不是很热门，但它是重要的发展方向。所以，我们又找了一些边缘交叉的地方，来进行研究。开拓新的方向，可能在相当长一段时间不受大家的关注。比如说家畜这方面的研究，可是，随着最近几年来连续在一些国际顶尖刊物上发表了一系列文章，这个领域正引起大家的重视。我们是把进化的研究跟农业的一些方面结合起来了。在寻找新的学科方向的时候，一个很容易出现的问题就是跟风，什么热门做什么。有一个我们经常需要讨论的问题：在一个很热门的问题上，如果是非常热门的，说明它已经有很重要的东西出现，才变得很热门。你再做，能不能找到你的立足点，能不能有好的突破口，能不能有自己相应的一些竞争能力，能不能在竞争当中占据相当的位置？我想这些都是需要思考的问题。我们不是去做最热门的，比如说基因组测序，我们是从进化角度研究基因组里面进化的问题。事实证明，现在基因组发展，这个方向越来越受到大家的关注。所以，我们每去开拓一个新方向的时候，都要思考，做这个新的东西，怎么开拓它；能不能在新的方向上形成新的竞争力；对我们整个工作发展能不能有所提升，有所发展。

能不能够形成一个团队，能不能够形成一个集团力量去做更多的工作，这对于一个人的发展来讲是很重要的。

大家知道科学发展到今天，特别是对于我们做实验科学的人来讲，靠个人单打独斗，你再聪明，本事再大，你个人的能力和作用都是非常有限的。在这个时候，能不能够形成一个团队，能不能够形成一个集团力量去做更多的工作，这对于一个人的发展来讲是很重要的。所以，在回国之后，我非常注意团队的建设，而在团队建设里面，应该说团队文化对团队发展非常重要。我经常在跟朋友交流的时候讲，在我们这个团队里面，有一个很重要的精神，就是需要互相帮助。我讲我的一个观念，就是说在不影响你发展的情况下，能够给别人帮助的时候，给别人一点点帮助，给别人一点点关爱。也许你给别人一点帮助的时候，不一定都能够直接得到别人的回报。可是想一想在我们发展当中，有很多人也给了我们支持和帮助，但我们无以回报。一样的道理，你帮助别人的时候，不一定要得到别人的帮助。所以不管怎么样，我们帮助别人的思想和观念是不能动摇的。要相信一点，我们给别人的帮助越大，别人给我们的帮助也越大。根据我这些年的体会，在我们最困难的时候，我们总是得到很多朋友、很多同志、很多领导给我们的支持和帮助。这个跟我们团队文化是有关系的。这也确实是我亲身的体会。我也希望大家在今后团队发展当中，能够给别人一些支持和帮助。

还有一点，在我们发展当中，有时一个团队的力量也是非常有限的，从我们做研究来讲，我们一个实验室也不可能把我们想做的东西都做了。所以，在这个发展当中很重要的一点，就是除了我们小团队发展之外，如果把我们团队跟其他团队的发展结合起来，进行更多的合作，那么对我们的发展是非常有帮助的。这些年我们实验室的发展，可以说在与国内外合作当中得到很大的帮助。但是，这些合作当中，我们不能只想着我们占别人的便宜，或者说只是我们从中获益。

在这个合作当中，一定是公平的，大家是互利互惠的。这样的话，需要体现一个原则就是优势互补，通过这样的帮助，大家能够受益，大家能够共同发展。通过这样一种协作，我们可以做更大的事情，我们可以做更多的事情。

兴趣对一个人的发展，尤其是对我们做科学研究的人至关重要。只有对自己要做的研究感兴趣，你才能为它投入，为它想方设法，把它做好，才会有灵感。

在我刚刚到昆明读研究生的时候，施老师跟我们讲：在这里读研究生，你们一定要有兴趣，如果没有兴趣，你们趁早卷上被子回家去吧。当时对这句话的体会还不是很深，但是有了几年的经历以后，发现兴趣对一个人的发展，尤其是对我们做科学研究的人至关重要。你只有对自己要做的研究感兴趣，你才能为它投入，为它想方设法，把它做好，才会有灵感。因为你没有兴趣的话，要有灵感，是很难的事情。当时我们所周围的环境都是比较偏僻的山，但我们还是乐在其中，这其中一个重要的原因就是在那儿有很多研究生，对我们的工作是有兴趣的，而且大家知道做研究跟别的行业不一样。做科学研究的确非常辛苦，因为科学研究现在竞争非常激烈，你要在竞争当中有所发展，就要为它付出更多的东西，要有艰苦的劳动。但是，如果你没有兴趣，你会怀疑：我投入这么多，是不是值得？如果你有兴趣，通过白天黑夜的工作，当取得一点成果的时候，会有成就感，觉得多少日日夜夜的付出是有收获的。那么，这个时候，我想你的疲劳、你的辛苦就一扫而光了。我们在大学时代有很多兴趣。我自己就喜欢看小说，特别是武侠小说，金庸全套小说都看过，喜欢打球，喜欢下棋，还喜欢打扑克。但是，做研究的时候发现你的时间不够，这时候怎么办呢？你的很多兴趣都被冲淡了，当我们对科学研究非常有兴趣的时候，我觉得我可以舍弃其他兴趣，可以把玩的时间放弃掉，投入到我的研究中来。我从实验室回到家里的时候，经常是家人都睡着了。这个时候你做研究不光是自己能理解，也要家人能理解，不是说完全理解，但是至少不要反对，要给你支持。如果没有足够兴趣的话，要实现这个确实是很难的。还有在研究工作当中，你要想清楚在每一个不同发展时期，对于自己来讲，最重要的事情是什么？比如说你要成家的时候，找到女朋友这是最重要的。但是，在做研究的时候，能不能做出好的工作对于你来说是最重要的，因为你的事业在这个地方，这个时候你恐怕要舍去很多的东西。比如说我有很多爱好，都不能做，像喜欢去玩，就玩不了。我很喜欢带我儿子出去玩，但是有的时候因为工作没有办法出去玩。可以说为了工作，你必须要舍弃很多的东西。世界上的确没有那么完美的东西，你总是有所得，就必有所失。我特别喜欢这么一句话：鱼和熊掌不能兼得。想清楚了，你就会更好地选择，包括在你的研究道路、发展道路和工作当中。不同时期重要的事情是不一样的，只有想清楚这一点，才会有更多成功的机会。有的同学说这个事情很难办，不知道怎么办，就随波逐流，有什么就做什么了。我不太主张，有的时候哪怕你不太确定，但是你尽最大努力做你选择的事情，从长远来说是好的，你是不会后悔的。

我的导师说：张亚平同志，如果别人给你提好的意见你听不进去的话，以后不会再有人给你提意见；科学研究需要严谨、精益求精。

另外我想说一说对我研究工作一辈子都有影响的人，就是我的导师。我在写第一篇论文的时候，那个时候我们没有计算机，是手抄的，我的字写得差一点，我最怕写字。但是，一写论文，每改一遍前后都要重抄。我第一篇论文大概改了七八次。因为我的老师是非常严格的，哪怕是有一点问题，他都要我改。我改到后来，可以说我自己都已经要崩溃了，我就跟我的老师抱怨，我说老师你看这个问题只是一点点，能不能不改了。他立即脸沉下来了，他说张亚平同志，如果别人给你提好的意见你听不进去的话，以后不会再有人给你提意见；科学研究需要严谨、精益求精。所以你可以修改，也可以不修改。这一下，我觉得无地自容，我赶快修改。经过那一次论文的修改，我想我学到了科学研究的态度和精神。再有一点，别人给你提了意见，你能不能听进去？你能够听进别人意见的话，可能更多人会给你提更多建议。所以，我从施老师那儿学到了很多东西。而且，通过那次论文的修改，不仅对我下一篇论文很有指导意义，而且我也知道了应该怎样做学问。当我的学生做论文不太耐烦的时候，我也跟他们讲我的故事。

有什么好的科学想法的时候，你还要让别人理解你这个想法是好的，才能得到支持和发展。

还有一点，也是对我的发展很重要的插曲。当我们有较好的科研上的主意，或者我们有很好的想法时，应该怎么实现？光靠自己的力量还不行，还需要得到领导的理解和支持，也需要得到基金会的支持。我经常在想，我们有什么好的科学想法的时候，你还要让别人理解你这个想法是好的，才能得到支持和发展。我自己体会非常深的一点就是当时施先生过世之后，我在1994年决定回国，那个时候我们条件还非常有限，当时我也在犹豫，我回来的话，可能有一些工作开展不了。我当时回来先到了北京，我想能不能拜访一下周光召院长。我们是从学生一直走过来的，那时候是无名小卒，想拜访院长，觉得这个差距太大了，第一个想到的问题就是如果拜访院长，会不会得到接见。即使得到接见的话，如果谈了之后，院长也没有什么印象，自己的自信心可能也会受到很大的打击。当时思想斗争了很长时间，后来我还是想：不管它了，试一试，碰碰运气。在科学院基础局老师的帮助下，虽然周院长当时非常忙，还是同意抽出 5～10 分钟的时间见一下。我当时也作了一些准备，把我原来做的一些工作写了一个材料，也想了一下怎么去跟周院长讲，我的导师过世了，这个实验室有困难，我原来做了什么工作，我想回国怎么样做，有什么想法，希望得到什么支持。见面之后很快我的紧张心情就放松下来了，因为周院长在生物方面问了非常专业的问题，一下子觉得距离拉近了，而且从几分钟一下子谈了大概 1 个小时。那次周院长说：我们鼓励你回国，实验室有困难，你回来以后条件不具备，给你 15 万美元买仪器设备。当时真的是很高兴，立即决定回国。中国有句古话说：士为知己者死。当时就是这种感觉。经过这个事情，我体会到有些觉得很难实现的事情，你去试一下，有可能就会成功。你即使失败也没有关系，也没有太大的损失。我想我们年轻，我们有更多时间和机会去试。所以，在这里我也要特别感谢周院长，还有我们中国科学院的领导，其他院领导都给了我很多支持和帮助。

最后，我想借这个机会感谢过去和我一起奋斗的我们这个团队的同事和同学们，也要感谢给了我很多支持和帮助的领导，还有一些前辈和同事，没有他们的帮助和支持的话，我们也很难有今天所取得的一点点进步。我也祝愿在座的同学们，今后能够有更大的发展！

07 做人 做事 做学问

何祚庥，男，中国科学院院士。1927年生于上海，祖籍江苏扬州，原籍安徽望江。1951年毕业于清华大学物理系。1951年在中共中央宣传部工作任干事。1956年起先后在中国科学院原子能研究所、二机部九院、中国科学院高能物理研究所、中国科学院理论物理研究所，任助理研究员、研究员、副所长等职务。1981年任中国科学院理论物理研究所研究员、理论物理专业博士研究生导师，是1981年国务院学位委员会批准的第一批理论物理专业博士生导师。1984年任北京大学科学与社会研究中心兼职教授，并在北京大学招收自然辩证法专业硕士研究生。1993年被国务院学位委员会批准为第五批科学技术哲学专业博士生导师，并在北京大学招收科学技术哲学专业博士研究生。曾任第八届、第九届全国政协委员。

早期从事粒子理论、原子弹和氢弹理论的研究。关注科学领域中的哲学问题，是新中国成立后我国科学方法论研究事业的早期开拓者。近十几年来关注社会现实问题，曾就科技政策、教育政策、文艺理论、建设有中国特色社会主义等若干理论问题，以及当代经济建设所应关注的重大科学技术问题发表文章，如倡导磁悬浮列车技术、电动汽车技术、锂离子电池技术等。近年来积极参加捍卫科学尊严、揭露和反对伪科学等活动，并做出重要贡献。

主要著作有《量子复合场论的哲学思考》(1997 年)、《从元气说到粒子物理》(1999 年)、《何祚庥与法轮功——1999 年夏天的报告》(1999 年)、《我不信邪——何祚庥反伪科学论战集》(1999 年)。

报告时间：2004 年 6 月 9 日

报告地点：中国科学院上海分院教育基地

各位同学，各位老师，很高兴有机会到上海分院来，就“做人、做事、做学问”这个主题与大家进行交流。我出生在上海，所以，今天先讲一些我年轻时在上海念书的事情。大会希望我讲一些关于核武器的事情，所以就脱离一下稿子，讲一下当前关注的问题——能源问题。大概就是讲这三部分。

对于一个年轻人来讲，认识自己所处的时代，认识历史发展的动向，选择你想干什么。这是做人最基本的道理。

首先讲一下为什么讲做人、做事、做学问，早年有一部书《左传》，里面讲：首先，立德；其次，立功；再次，立言。立德就是讲做人，立功就是做事，立言就是做学问。我们是做学问的，但是做人是最起码的。怎样做人，首要就是要认清时代，认清社会历史发展的动向，做时代的积极推进者，这个是做人的最基本的道理。我不敢说在座的同学们该怎么认识时代，但是我说一下我们年轻的时候怎样认识时代。我的家庭是一个封建时代的家庭，在座的同学可能你们的出身成分比我好。我的家庭出身成分不好，在扬州有一个著名的园林叫“何园”，是国家重点文物保护单位，这个园子是我曾祖父盖的，非常有名。后来搬到上海，家道中落。那时对我们年轻一代的教育就是个人奋斗。新中国成立以前我在上海一所很有名的中学，就是“上海南洋模范中学”读书。那个时候我读书很用功，当时是抗日战争时期，虽然那时候年龄比较小，但是我们的老师给我们灌输抗日的思想。在抗日战争的时候我的家族也发生了一个大事情，就是我的堂哥何祚希，比我大6岁，突然提出要参军抗日去。他是我伯父的孩子。他要抗日，爷爷舍不得，于是他与爷爷辩论，说爷爷念的书比他多，爷爷懂得道理比他多，但是他懂得一条，就是“天下兴亡，匹夫有责”。讲了一番大道理，爷爷说不过他，把他放走了。后来我这个堂兄就成为我们家族的第一个参加共产党的。抗日战争还没有胜利呢，我考上了上海交通大学，那个时候念化学系。抗日战争结束了，影响极大的蒋介石来了，就是在这个地方，10万人夹道欢迎，当时威风的不得了，但是没有过多久老百姓就开始失望。因为在抗战开始的时候，蒋介石有一句话叫做“抗战必胜，建国必成”。那么抗战胜利了，大家希望建国，但是他要打内战，内战以后，我们的教育经费也没有了。那个时候我们学生都很关心国家大事，我给大家讲一个著名的谜语，在座的也许知道，抗战胜利以后，有人出了一个题目，叫做“抗战胜利”，打一个中国古代名人的名字。第一个答案就是屈原，屈服于原子弹的压力。但是这个答案出来以后，有人反对，说原子弹不能决定战争胜负，决定战争胜负的是苏联红军，苏联红军消灭了日本关东军，因此答案不是屈原，而是苏武。这个名字出来也有人反对，说我们8年抗战，把功劳给外国人了，这个不好，还应是中国人，所以是华雄。这个答案出来也有人不同意，这个华雄太笼统了应该具体一点，第四个答案就是蒋干，大家说蒋委员长领导抗战有功。这个出来就更反对了，说蒋委员长躲在山上，他也没有功劳，如果说有功劳的就是人民大众的功劳，所以又有一个答案出来了，就是共工。毛主席有一首诗里面说共工是古代的英雄。这个答案出来又有人反对了，表面上是共同的功劳，实际上又有为共产党宣传的嫌疑。一个抗战胜利有五个不同的答案，可以看到那个时候大家的分歧之大。那么这五个答案传到我们上海以后，上海人说这五个都不对，应该叫白胜，就是抗日战争取得了胜利，但是老百姓没有得到什么好处，所以就是白白地胜利了。我为什么讲这个谜语呢？就是让大家知道抗战胜利以后大家思想很混乱，抗日的胜利有种种答案，中国的未来也有很多的答案。所以那个时候我们不得不关心国家大事，不得不问未来会怎么样。那个时候我在上海交通大学读书，我们18个人一间屋子，每天晚上9点半熄灯，因为打仗要节电，9点半以后我们学生睡不着觉，躺在床上，某位同学讲起国家大事，第二位就发表“高见”，接着就有第三位的“高见”出来，又有第四位的……，每天晚上都自动地进行政治学习。真正讨论的就是国民党好还是共产党好，就是大辩论。辩论的结果就是国民党代表大地主、大官僚、大资本家的利益，共产党代表的是大众的利益，中国只能走新民主主义的道路。这个是我们的一个结论。这个结论出来以后，就出现一个问题，就是我怎么办，我们的同学怎么办？于是开始第二场大辩论。我们学校的化学系有一个偶像就是居里夫人，我们读她的传记，发现她有两个梦想：一个梦想就是献身祖国，另一个就是献身科学。这二者之间也是矛盾的，究竟是献身科学还是献身祖国。当时我们这些研究化学的人马上就联系实际了，我们这些人是应该献身革命还是献身科学，就这个问题进行第二场争论。这个争论更为深刻，讨论非常热烈。当时的中国搞“科教兴国”，那是不可能的事情。所以献身科学唯一的方法就是到美国去，但是到美国去也不一定就能献身科学，因为真正成功者极少。这就是当时的时代。在这种情况下，我们怎么办？最后大家认识到，我们也该走革命的道路，这个就是结论。18个人大辩论中，最后17个人留在大陆了，有一个人走了，他的叔父是国民党的海军总司令。后来改革开放之后，我去美国时和他碰上了，他在中国台湾“中央研究院”当了化学研究所的所长，我在中国科学院当了理论物理研究所的所长。

当时的现实使我们年轻人认识到我们国家应该往何处去，我们个人应该往何处去。我也认识到中国要走新民主主义的道路，那个时候就不想在上海呆了。当时，北平和天津是在共产党手里，所以喜欢共产党的就到北方去了，1947年我转学到清华大学物理系。这件事情对我的一生非常重要，为什么？第一，从学化学的转为学物理的。为什么去学物理？因为以前学化学是为了好找工作。其实我们年轻的时候崇拜爱因斯坦比崇拜居里夫人还要厉害。我们中国和爱因斯坦有什么关系呢，全世界有12个半人懂得爱因斯坦的相对论，那半个在哪？在中国，就是周培元教授。他在清华大学物理系，所以就冲着他去学物理。第二，有机会接触到党组织。进入清华大学的第二天，我有一个同学找我谈话，“听说你在上海青年运动挺积极的，我们有一个地下的青年组织，叫做民主青年同盟，自愿推进学生运动，你愿意不愿意参加？”我说：“你这个民主青年同盟和民主同盟有什么关系？”他说没有关系。“为什么叫民主青年同盟呢？”“就是起一个名字，和共产党也没有关系，这个是我们学生自发的组织。”“你是主张新民主主义革命，还是旧民主主义革命？”他说：“我们是新民主主义。”我一听就参加了。后来才知道这个是共产党领导的地下青年团。因为我到了清华大学以后表现积极，我们把一些新同学组织起来了，并办了一个报，叫做《新报》，办得比较有声有色。地下党一查，觉得《新报》好像与共产党没有什么联系，只是查到一个参加了地下民青的何祚庥，于是共产党误认为何祚庥的工作能力很强，实际上是我们组织了一大批精英，把这个报办得很好。于是就问我要不要参加共产党。我吓了一跳，没有想到共产党就在旁边。经过一番深入思考，决定参加，这就是我何祚庥参加地下党的历史。

我告诉各位，对一个年轻人来讲，认识自己所处的时代，认识历史发展的动向，同时还有一个选择问题，就是你想干什么。这件事情是需要从年轻时开始关注的。我们只能说一说我们年轻时代，是怎么认识、怎么理解这个问题的。

做好理论工作是研制核武器的基础，而做好理论工作就要充分地发扬民主，充分讨论，搞清问题。

下面谈一谈，怎么做原子弹、怎么做氢弹的。我告诉各位，我的确是有机会参加原子弹和氢弹的工作，但是这个事情是一个很曲折的过程。在1954年末，毛主席和周总理决定中国发展原子弹。这是一个很了不起的决定，中国现在比过去强大多了，经济实力也强多了，那个时候情况是又穷又破，居然敢于做原子弹，这个决策是不容易做出来的。当时非常重要的背景就是抗美援朝，美国人吓唬我们说他们要用原子弹了，如果真要用原子弹的话，我们前方的军队就损失很大，所以深感核武器对我们的威胁。抗美援朝结束以后，毛泽东和周恩来商量后，就决定在中国搞原子弹，这个就是历史的过程。那个时候搞原子弹，是什么样的人搞呢？在座的你们，工农兵出身的子弟可以搞，但是何祚庥是不行的，我是资产阶级出身的知识分子。我们看到有二十几位得了大奖的两弹一星的功臣。你要查查他们的成分都是不好的，但是那个时候像这种国家机密只能掌握在工农兵手里。所以当时发展研究核武器的方针就是依靠苏联专家，培训大批的工农兵出身的子弟来掌握原子弹的秘密。1956年因为中央决定要搞原子弹，总还要一些学物理的人去参加工作，于是就把我调去了。钱三强、我们中央宣传部的部长就把我调到核工业部门去了，但是我们真正做的工作并不是核武器，而是从事历史问题的研究，这个就是整个的过程。

因为当时苏联和中国有密切的关系，他们要求中国派一些人参加他们粒子物理的研究工作，就把我调到东欧去了。后来因为中苏关系破裂，赫鲁晓夫撕毁协定，撤回专家。于是就出现了一个严重的问题，就是搞核武器的人员严重短缺。消息传来，我们几个搞科研的人非常气愤，讨论了一下决定联合给核工业部的领导打一个报告。报告说如果国内有任何工作需要我们做的话，我们愿意随时听从祖国的召唤。签名者有周光召院士，还有我。这个报告打上去以后，领导还是很高兴的，因为缺人。但是我们打报告的时候，可没有敢说我们要回国参加原子弹、氢弹这样一些国家高度机密的工作。要知道那个时候出身成分不好是很大的忌讳，怕别人说：你们这些人想钻到国家最机密的单位中来，究竟是何居心？所以我们需要考虑得复杂一点。当时我们大家一直保荐周光召，说他表现极好，和苏联斗争多么坚决，他是多么出色。这样大家的一致保证，汇报到核工业部的部长那儿去了，钱三强同志等一致同意把这样的人调回来。于是周光召、何祚庥、于敏等人就陆陆续续回国参加了原子弹的研究。同时我告诉各位，这样的事在我们那个时代可非同一般。因为它打破了当时很多人非常强烈的唯成分论的观念。这个事情要从几个方面考虑：一个方面，如果你表现很差的话，人家不会要你，另外一方面也确实要解放一点思想。现在的同学可能感到很可笑，不成为问题，但是那个时候的确会成为一些问题。

我们去了以后，大家憋着一口气，一定要把核武器做出来。在苏联专家撤走之前，那个总顾问说了一句话：离开了我们的援助，你们15年之内休想搞出原子弹。这句话成为我们搞研究的传统的教材，这句话成为我们搞出核工业的一个最重要的动力。所以在这个意义上讲，我敢说在当时绝大部分的科技人员，除了我们年轻的，还有年长的，都是在这个总顾问这句话的刺激下，大家同心同德，决心要把东西弄出来。很多人希望我讲一下原子弹怎么弄出来的，我觉得非常重要的就是首先要打好理论仗。世界各国发展原子弹和氢弹的过程都是请了一堆理论物理学家，从理论上首先搞清楚原子弹怎么爆炸，爆炸的原理是什么，氢弹为什么会爆炸，氢弹在什么样的高温高压下点火等问题。原子弹可以引起高温高压，用原子弹点火，但是如果你真做了一个原子弹，然后放一点氢气，我告诉大家氢弹可不是氢气做的，材料是一个秘密，所以当时我们想用什么材料做氢弹，这个就费了很长的时间。解决这个问题，首先就是一个理论的问题。各位讲创新，我认为首先要从理论上创新，从我们做原子弹的经验看，首先，要把理论的问题搞清楚，理论上看清楚问题在什么地方，然后，根据理论的观念再做很多的事情。很多人问，你这个理论物理在原子弹里面有什么用处。我告诉各位，原子弹、氢弹的方程式完全是从第一原理出发推导出来的，用到牛顿力学、统计物理、量子力学、量子场论，所有的方程式都是基本的方程式。至于氢弹、原子弹满足什么样的运动方程式，这个完全是靠自己推导。从统计物理的基本的方程式出发，获得了现在的方程式。

为了搞清楚这些理论的问题，大家有不同的争议，有不同的意见。因为谁也不知道氢弹是怎么回事，原子弹还知道一点，氢弹就是瞎猜的，从材料到爆炸的原理我们都是瞎猜的。你要问核武器是怎么做出来的，首先一点就是要做好理论工作，而做好理论工作就要充分地发扬民主，充分讨论，要紧的不是面子，也不是谁对谁错，而是搞清问题。后来把这个东西做出来了，核武器爆炸了，我们的同行和教授做了一副对联，上联是“日新日新日日新”，下联是“集体集体集集体”。就是说创新靠的是集体的力量。我们那个时候就是强调集体力量，通力合作，但是通力合作这件事情是要解放一点思想的。比如说有人会谈，这个工作是我的，那个工作是他的，将来当教授怎么样，将来当院士怎么样。我可以告诉大家，那个时候我们没有这个想法，我们一心把东西弄出来，当然东西弄出来，我们也有功劳大的，有功劳小的。原子弹谁的贡献最大，周光召的贡献最大；氢弹谁的贡献最大，于敏的贡献最大。何祚庥的贡献没有他们大，但是因为有一些骏马在前面飞跑，我作为一个马尾巴上的“苍蝇”仅仅在跟着跑，当马跑的时候，我这个“苍蝇”也就算是跟上了时代了。这个是很重要的，东西弄不出来，马跑歪了，我也当不了院士，周光召、于敏也当不上院士。但是东西弄出来了我也就沾光了。所以在个人和集体的关系问题，个人的事不要太过分的计较，计较的后果就是东西弄不出来，这样对大家都没有好处，东西弄出来了，大家都有好处。

所以我给各位讲，做人、做事、做学问，很多地方首先要做人，这个很重要。

将来你们会关注非常多的事情，但是你们优先关注的是当前和未来的我们国家的需要、社会的需要。

对于院士来讲，除了做好自己的本职工作，还应该运用你的知识，研究当代我们社会经济发展当中一些重大的问题。自我表扬一下，我是做得较好的。我主张发展高清晰度电视，这个是我最早主张的。有一个电视专家和我讲，他说他觉得要发展高清晰度电视和国情不符，因为中国老百姓买不起。我说你放心，中国肯定买得起，我们现在小轿车都买得起，高清晰度电视肯定比小轿车容易卖。他一听高兴了，所以就开始研究高清晰度电视。现在大家知道奥运会没有高清晰度电视不行。大家看到快速磁悬浮列车、西南地区水电开发、雅鲁藏布江调水到大西北，这些都是关系到国计民生的大事，我都提过建议。要关注中华民族长期的生存发展之道，就要解决我们大西北住人的问题，大西北严重干旱、缺水，所以我们就要高度重视雅鲁藏布江1600亿立方米的水白白流到了印度去了。我告诉大家在印度和孟加拉年年闹水灾。于是我提出把1600亿立方米的水调400亿到新疆。新疆不要400亿立方米水，要200亿立方米就可以了。它只要50亿立方米就不干旱了。新疆的面积是四川的35倍，四川有近亿人口，所以如果新疆好了以后，移民过去几亿人是没有问题的。我们要关注社会的需求，特别是最近要制定国家发展的规划，对我来讲要关注什么呢？最近就是关注电的问题，大家知道现在严重缺电。我到浙江去了一趟，浙江很多的地方“开三跑四”，就是一个星期开三天工放四天假，因为电力严重短缺。这件事情引起了国家领导人的关注，该怎么办？这个需要大家考虑了。现在强烈呼吁，第一件事情就是要节能。我赞成节能，但是这个节能不是短期可以做到的。我们去年GDP增长了9%，电力增长15.6%。电的发展比起GDP快得多了。现在我们GDP希望到2020年翻两番，那么电怎么办？按照电力部的希望是电翻一番来保证GDP翻两番。我希望如此，能否做到，非常值得怀疑。为什么？因为节能有一个过程。比如说房子，现在我们的房子是耗能的，我不知道你们这个新大楼如何，盖得是否是节能的，可能上海比较先进，盖的房子是节能的。反正北京的房子是不节能的，我搬的新家就不节能，冬天很冷，夏天很热，就要用空调。这个是不节能的。所以在这个情况下当然赞成大力推广节能，但是能否在2020年达到大幅度节能，我相当怀疑。那么可不可以解决煤的问题，煤现在已经全面紧张，如果煤再增加一倍，我们铁路就要瘫痪。因为要运煤去发电，因此山西省的煤供应不足。石油怎样？我们高度困难。国际封锁我们的石油，我们去年进口石油1.1亿吨，是美国的1/4。按照我们现在的情况，4年之后石油进口就要翻一番，就是2.2亿吨，就是美国的1/2。美国为石油和中东已经进行了两次战争，石油问题是非常重要的问题。美国现在要控制马六甲，我们要从俄罗斯拉一个输油管道，日本人就要给我们捣乱，背后当然是美国人捣乱了。印度怎么办？它要大力发展海军，就要控制印度洋，就是控制石油通道。所以我告诉各位，石油问题是我们面临的严重问题。

因此，在我们能源问题如此严重的情况下，中国的能源有没有新的出路。就这件事情我写了一篇文章，就是主张大力发展风力发电，有人说你这是不是空想？不是空想。第一，欧洲风电的装机相当于25座核电站。德国以33%的速度递增，法国是核电站为主导的国家，现在要改为发展风电，它以60%的速度递增，所以世界的潮流是风电。第二，我们初步查清楚我国的风能资源是水能资源的2.5倍，所以再查下去的话，还会迅速增长。我们要看到风力发电，像你们上海、浙江、福建是台风，北方的西北风很厉害，西北风弄的沙尘暴很厉害。所以在内蒙古弄了防御之林，我告诉各位，第一道防线应该是风力发电机，后面再种树。那么风力发电的成本怎么样，我们国内的风电机制，进口的风电机，包括税在内，才0.5元1度电。所以我说风力发电在中国有非常大的前途。于是我写了一篇文章，就是用风力发电救济电荒。

作为一名院士应尽到院士的责任。院士的责任之一，就是作基础研究，但是非常重要的一点，就是需要关注国家的事情。年轻的朋友们，你们可能现在最关心自己的专业，自己的博士论文。博士论文没有通过，拿不到博士学位。将来你们会关注非常多的事情，但是你们优先关注的是当前和未来的我们国家的需要、社会的需要。同志们，这个就是我觉得非常重要的一点。

做人、做事、做学问，是终生奋斗的事情，要活到老，奋斗到老。就是要告诉各位，对一个人来讲，我们做人、做事、做学问，年轻的时候做一点好事也许可以，但是这件事情需要长期做下去，一辈子做下去。等到你们到了我这种年龄的时候，给你们的孙子，给你们的重孙子讲一下。我们要一辈子做好事，不要学某些人，只是干了一点点好事，多数时候还是干坏事。

我讲做人、做事、做学问的关系就简单地讲到这，谢谢各位！

沈文庆，男，实验核物理学家，中国科学院院士。1945年生于上海，1968年毕业于清华大学工程物理系。先后在中国科学院兰州近代物理研究所、原联邦德国国家重离子研究中心、中国科学院上海原子核研究所做研究工作。现任国家自然科学基金委员会副主任、上海市科学技术协会主席、中国科学院上海分院高级技术顾问。中国共产党第十六次代表大会代表，第十届中国人民政治协商会议委员。曾担任国家重大基础研究规划项目“放射性核束物理和核天体物理”首席科学家。

沈文庆院士主要从事放射性核束物理及中能重离子核反应研究，其中放射性核束物理方面主要研究奇异核结构和性质特点及用奇异核进行的核反应研究，包括新核素的合成，新的衰变性质研究，N/Z自由度在核反应中的作用，诸如中子晕、中子皮和新模式共振的研究；中能重离子核反应方面主要研究这种反应的集体效应及由此研究核物质相变，物质态方程及介质中核子-核子相互作用截面。

1992年被评为国家级有突出贡献的中青年科学家，多次荣获国家和中国科学院自然科学奖和科学技术进步奖。

报告时间：2004年6月9日

报告地点：中国科学院上海分院教育基地

很高兴能够与各位老师和同学共同研讨奋发成才的问题，我的题目是“纵观科学大师历程，走奋发成才之路”。我结合自己的经历讲讲一些体会。

建设21世纪世界强国，中国需要一批世界级的科技大师。

我们国家的经济快速发展快20年了，我们也分享了经济快速发展带来的好处。同时也在思考，经济怎么样持续发展？我们有一个共同认识，就是发展科技是中国经济发展的“华山一条路”。科技发展涉及很多问题，如科学技术自身的发展，科学技术对社会的推动作用，科技发展与社会发展的有机结合等问题。科技发展最重要的还是人才，拥有人才队伍是科技发展的最重要保证，这包含两个方面，一方面良好的环境有利于科学大师的出现；另一方面科学大师的出现，也有利于人才的培养。现在我们有很多的人才涌现出来，今年是中国科学院创新工程6周年，我们做了很多工作，包括努力培养将帅型人才，而且我们越来越感到这样的人才对我们知识创新工程、对我们国家的发展是极其重要的。将帅型人才是我们科技发展也是国家经济发展的重要资源。今年我看了上海科学普及出版社最近出版的《科学大师》，从中我看到了很多熟悉的名字，在人类探索未知领域的世界里，他们是指引方向的明星，闪烁着智慧的光芒，但是在这本书里我们很少看到中国科学家的名字。中国需要一批世界级的科技大师的出现，然而，科技大师离不开良好的环境和土壤，中国还存在着管理和文化方面的一些束缚，体制和机制方面的一些弊端，中国科技工作者要在世界科技舞台上脱颖而出，我们要付出比发达国家的同行更为艰辛的努力。

要实现新一轮发展目标，建设21世纪的世界强国，离不开世界一流的科技精英人才，中国在培养科技人才方面还存在很多问题，只有不断地创新人才培育机制，形成人才辈出的良好环境，才能走通华山天险一条路。现在正是一个大好时机，时代在呼唤科技大师，中国也在呼唤科技大师。

世界科学大师的历程，给予我们许多极其重要的启示。

我讲讲世界科学大师的历程，也许大家能从中得到些启示，《科学大师》是英国的两位科学家2004年写的，上海科学普及出版社的社长组织人员在1年内就把它翻译出版了，这本书出了以后当时在国外有很多的好评。中文版出来后，我看了，感觉非常好，上海的其他同志看到这本书也感觉非常好，书里介绍了40多位对科技发展做出非常大贡献的大师。这本书列出了两个线索，一个是科技发展的线索，另一个就是社会的当时状况，就是说大师的出现是社会的状态中产生的，同时大师的出现也推动了社会的发展。这本书也非常注重科学发展的规律，注重研究科学家在从事科学研究工作中的科学思想和科学方法。书中在强调某一个科学家个人作用的同时，也强调科学技术发展的连续性和其他科学家的贡献，在介绍这些大师的时候，也介绍了和他们一起研究的科学家。这本书还全面地反映了科学技术的发展过程，它收入了历史上每一个重大时期最有代表的新科学人物。书里介绍了很多人物，我挑了几个给大家介绍一下：有亚里士多德、伽利略、哥白尼，其中，牛顿是经典科学的奠基人之一，爱因斯坦的创新突破了经典科学开创了现代科学，还有居里夫妇、玻尔和奥本海默等。

突破和创新是科学大师的共同追求

亚里士多德处在公元前384～前332年，是亚历山大大帝的老师。他通过观察和实验，用逻辑推理和演绎方法得出结论，创立了经验式研究方法，直到目前，这还是当今科学方法的基础之一。他最著名的学说就是地心说和有关物体运动两大结论，都是错误的，他说物体运动是因为有东西推动它，这个是对的，但是他说重的物体比轻的物体下落得快是错误的，他的地心说也是错误的。他最有名的逻辑观点（就是三段论）现在还在用，他说应该多相信观察到的事实，而不是理论，同时只有和观察到的事实符合的理论才称得上是理论。

伽利略说神学是教堂的事情，研究自然科学是科学家的事情，当时说这个话是需要非常大的勇气的。

哥白尼是波兰人，他当时在克拉科夫大学，后来转到波洛尼亚大学学习，他创立了日心说，是天文学重大的革命。伽利略赞成哥白尼的日心说，他受到了宗教裁判所的审判，被终身监禁。伽利略刚开始是学医的，后来改学物理学，他写了非常著名的《关于两大世界体系的对话》一书，完成后70年才被解禁，一直到1993年，罗马教皇才正式宣布对他的判决是错误的。伽利略的经济一直非常困难，一直受到迫害。他当时做了件非常重要的事情，就是开创了科学实验的方法，但他说证明关于比萨斜塔上两个不同重量的球同时落地的实验不是他做的。

从拉斐尔所作的一张体现柏拉图和亚里士多德在雅典学院讨论场景的名画中，可以看到当时学术讨论和争论的气氛，科学需要经常的讨论和辩论。还有一幅名面，画的是牛顿坐在花园里思考苹果为什么会落下来，表现了他善于思索。牛顿是有史以来最伟大的科学家之一。他出生后3个月父亲就过世，家庭非常困难，身体也不好。但是，他创立了光学微粒说、运动三大定律和数学分析，他是非常伟大的科学家。牛顿后来当了英国造币厂的主管，还当了两届议会议员，当了英国皇家学会的主席，被授予爵位，这期间科学创新不多。牛顿是非常谦虚的，他的名言是“如果我能够比别人看得更远，那是因为我站在巨人的肩膀上”，“我不知道在世界上看来，我会是什么样的，但是对我来说，自己就像是一个在海边玩耍的小孩。”

克里克、沃森和威尔金森、富兰克林发现了DNA双螺旋结构，这是与相对论、量子力学一起被称为20世纪的三大重要发现。这个发现也是学科交叉的结果。克里克是物理学家，后来转到卡文迪许实验室，实际上他从物理学家变成了生物学家。这里非常遗憾的是富兰克林没有得到诺贝尔奖，因为他去世了。

并不是最好的工作一定都出自著名实验室

爱因斯坦是从一个不出名的专利局的小专利员走出来的，他大学毕业后，先是找不到工作，后来在专利局找到一份工作，正是这份工作给了他稳定的生活和很多的时间，让他思考那些困难的问题。1905年他发表了5篇文章，都是非常重要的，当时物理学界非常惊讶。爱因斯坦有很多基础的理论就是在这个时候做出来的。所以，并不是最著名的实验室，或者一定要在最著名的大学工作就一定能做出最好的成绩。5岁的时候，他父亲给他看小指南针，他就不停地想，这里面一定有什么东西。第二次世界大战爆发后他到了美国，他是社会责任心非常强的科学家，在其他科学家的推动下，他给罗斯福写了一封著名的信，提醒罗斯福要注意原子弹的威胁，这封信得到认真考虑，美国搞了原子弹。爱因斯坦是德国人，他少年时学习非常一般，但是特别有好奇心。爱因斯坦是20世纪最重要的科学大师之一，他创造了光的量子论、狭义相对论和广义相对论。他是一个和平主义者，有强烈的社会责任感，爱因斯坦作为犹太人为第一任以色列总统魏茨曼在美国筹款。爱因斯坦在美国的一所大学执教，这所大学聘用他时，他向大学提出一年给他1000美元就行了，他对钱是非常不在乎的，他平时衣着也是非常随意的。爱因斯坦的名言是“想象比知识更重要，知识是有限的，而想象能够拥抱整个世界，推动进步，促成发展，它在科学研究中是一个重要的因素”。

大师们的名言——“我属于人类的一员”、“科学上没有教条”。居里夫人一直献身于科学事业，她的丈夫、女儿和女婿都获得了诺贝尔奖，整个家族都对科学做出了巨大的贡献。她的女婿于1935年获得诺贝尔化学奖。居里夫人是我们这个时代需要学习的榜样，我们这个时代就是希望献身于科学事业，我也是受了居里夫妇很大的影响，他们有非常多的感人事情。当时的波兰比较落后，生活也比较困难，但他们的父母亲热爱科学。那时波兰大学是不收女生的，她就和她的姐姐一起工作，共同存下钱先让她姐姐去巴黎学医，然后再由姐姐工作挣钱让居里夫人去巴黎上大学。这个时候她很困难，上大学时有几次饿昏在教室里。她发现了一个新元素，就把这个新元素命名为Poloniam，就是为了纪念她的祖国波兰。她还发现了镭，但拒绝任何专利登记，当时医学界认为镭对人的身体是有好处的，所以有人愿意出高价买镭的专利权，但是居里夫妇把研究结果公布了，认为这要归全人类使用。他们把获得诺贝尔奖的钱全部投入到科学研究。居里夫人长期暴露于辐射，后来得了白血病去世了。她的名言是“我属于人类的一员”。居里夫妇认为科学是非常美丽的，一个科学家在实验室里不仅仅是技术人员，也是一个面对自然的孩子，自然对他们来说是童话故事。

玻尔是哥本哈根理论物理研究所的，他也是一位科学大师，他和海森伯有非常好的交往历史。玻尔父子都得过诺贝尔奖。就像丹麦这样一个小国，在20世纪相当长的一段时间里，某种意义上成为理论物理学家的圣殿。我去过丹麦很多次，丹麦人对很多名人都不知道，但是都知道两个人，一个就是童话作家安徒生，还有一个是物理学家玻尔。我去问路，说什么路他们不知道，但是我说玻尔研究所，他们都知道。就说明他们这些科学家对这个国家发展的重要性。海森伯比玻尔小16岁，有一个非常出名的故事，第二次世界大战的时候，德国已经占领了哥本哈根，有一次非常神秘的访问和谈话，就是海森伯访问玻尔，玻尔从来没有透露这次谈话的内容，他从那以后，就不再理海森伯了。这是一个不解之谜。这件事还出了一个话剧，也到上海来演了，大家对里面的一些对话不是很理解。

有张照片是奥本海默和美国陆军工兵部队格罗夫上校在一起，是世界上第一颗原子弹爆炸两个月后，两个人站在废墟中，是 1945 年 7 月 16 日世界上第一颗原子弹爆炸的情形。他曾经说，在他的脑海里想到了印度的一句古诗："我正在慢慢死去，世界裂成了碎片。"他后来坚决反对制造威力更大的氢弹，而且他同情共产党，因此受到了美国军事安全委员会的调查，直到 1963 年自由才得到恢复。奥本海默的名言是"不应该有禁锢提问自由的屏障，科学上没有教条的位置，科学家是自由的，而且必须自由地提出任何问题，去怀疑任何断言，去寻求任何证据，去纠正任何错误。"

所有这些例子给我们很多的启示，我觉得自由探索、好奇心激发的研究热情是科学大师产生的首要条件；献身科学的精神，不追求物质报答是科学大师的特色；还有良好的教育、开放的国际合作，很多大师在大学阶段改学专业，不在乎分数等都对他们成功起了作用。他们都有强烈的社会责任感、事业心；他们探索自然，要求回答一些基本的问题，和社会需求、长远发展一致，而且这些科学大师对科学的普及非常关心。

有张名画表现的是非常出名的科学大师法拉第在英国做科普讲座，英国女王的丈夫和两位王子坐在那儿，当时在皇家学会做重要演讲的时候，都是人满为患，而且大家都非常聚精会神地听。他的科普讲座非常有特色，他拿很多现场的东西做演示，而且当时普通民众把参加这样的科普讲座当作自己提高素养的重要事情。

创造科学大师的环境就是宽松的科研环境，要容忍失败，没有重大的出成果、论文的压力；要鼓励交叉，要在宽松的学术环境下讨论；要鼓励创新，鼓励进取心。

献身，团队和争论、辩论、讨论，是做出重要科研成果和贡献的基础。

要弘扬献身科学的精神，社会舆论要有献身科学的导向。科学的评价体系和资助体系要支持自由探索，对异想天开或非共识项目要有资助办法。下面我想介绍一位我们上海的科学家郭申元，他是1988年保送到复旦大学生化系的，1990年赴美国俄亥俄州立大学读本科，后到哈佛大学作研究。他有一个非常好的团队，他的这个团队没有忘记为人类做出贡献。哈佛大学的校长给他父亲的信中写到，他是一位无私奉献的杰出科学家，深得哈佛同事们的尊敬和爱戴；他是非常感动人的，他献身于生化研究。他在中学的一个启蒙老师对他非常好，领他走上科学的道路。他起初并没有想去学生化、攻克癌症，但是他的启蒙老师在他上大学的时候得癌症去世，所以他把攻克癌症作为他终身奉献的事业，后来到美国进行研究，他自己也得了癌症。手术切除不到两个星期，就让他母亲陪他去实验室工作，他母亲不让他去，他的朋友也不让他去，但是他说他的生命是给抗癌事业的。他知道自己可能不久于人世的时候，一定要回国，在病逝以前飞回上海，到了他成长的地方，最后在上海去世。

最后我讲三点体会。

第一个是献身精神。我感觉居里夫人的书对我的学习有非常大的启发作用，包括居里夫人把她的专利给人类和她的科学献身精神。上学时感受就是应该为科学做一点事，偶然听清华大学工程物理系说他们是搞核武器的，我就从复旦大学预科考到了清华大学的工程物理系。一生中最使我激动的，就是大学四年级的时候我国的原子弹爆炸了，我们在清华园里自发地游行，那时有一种无名的震撼力和自豪感，感觉一定要献身于这个事业。后来“文化大革命”开始了，我的学业中断了，1968年毕业。“文化大革命”中，清华大学虽在那样一种氛围下，但我们系的几个老师，把我们愿意听课的学生，组织在一个很好的氛围中讲课，实际上也是在探讨科学。他们也讲了我们也听了，外面不知道，当大家都在搞别的事情的时候，我们觉得应该干这个事情。后来我被分配到了中国科学院的近代物理研究所，后来又到新疆部队去了两年，当我返回来的时候，大部分人都没有搞研究，我走了另外一条路，我过去是学俄文的，但是英语很重要，我就狠补英语。学英语学到什么程度，就是学到做梦也用英语说话，两年以后我的英语就可以听得懂，而且可以说了。当时我国还不开放，后来开放了，我们近代物理研究所来了外宾要作报告，要翻译，我对一个院士说我可以试一试，他说你就试吧。结果取得成功。这时我感觉到非常巨大的精神满足，英语是我学的第二外语，我可以做外语翻译了！近代物理研究所在后面两三年里，外语翻译差不多一半是我来做，以后大家都学了外语就不需要我翻译了。由此我觉得讲献身精神要跳出个人的考虑，你要全身心地投身于科学。你要成为科学大师，而你主要的心思不是在科学上，或者相当多的时间不在科学上，是做不成什么事情的。现在的社会是市场经济的社会，像我的很多同学，在国外赚了很多钱，或者在国内搞房地产挣钱，你如果是想这个的话，肯定成不了科技大师。献身精神就是要全身心地投入，一直到做梦也要想着科学，这样你才能有造诣，才能为我们的国家和社会做出贡献。

第二个是团队精神。我认为也是非常重要的。我作为院士，也得了一些奖，我的工作实际上是一个团队，是一个群体做的，是一个组织获得的奖。我说我当时可能是反潮流了，从部队、农场到近代物理研究所，大家都不看书，我就学习。当然也做了一些其他的事情，我是近代物理研究所“文化大革命”后第一个写入党申请书的人。我入党的想法就是我所在的团队、这个群体、这个组织，要搞成一个事情必须是大家一起做，一个人的力量是有限的，要把自己融入到组织之中。现在我碰到很多年轻人，在团队里面，更多考虑的是发表的文章第一作者是谁，实际上这个不重要。

第三个就是要争论、要辩论、要讨论。我能做一点工作，能够有一点贡献，能评上院士，与献身、团队、争论这六个字有很大的关系。尽管我的学业被中断，然后到军队，但是回到近代物理研究所时我也收获很大。当时近代物理研究所有一个人是刚从“牛棚”放出来的，我发现我们很谈得来，不光是科学研究谈得来，因为都是南方人，吃的东西也比较一致，后来他又恢复当了所长了，这期间，我受到他非常大的帮助，最大的帮助就是他一直在启发我和他讨论，甚至是争论。他是功底非常厚的学者，是诺贝尔奖获得者的学生，他多才多艺，车床他会做，玻璃也会吹，做实验非常好，理论也非常强，点子非常多。我和他年龄相差很大，我是大学刚毕业的学生，我能不能跟他说你做了没有做成，你这个不对，能不能说呢？他启发了我，我可以说这个是不对的，可以和他讨论甚至争论。当时我们做了一项工作，得了国家自然科学奖三等奖，工作中我和他有很多的讨论，而且这个讨论很多是争论的。我们也做实验，而且里面有很多东西都是不好解释的，他就让我们去试，后来他把搞理论的人请进来，然后把其他的做实验的人请进来，大家合作，这个点子是谁出的，也不清楚。但是到最后，这个工作得了三等奖，谁做了最主要的贡献，大家还是很清楚的。所以我们不要太在乎，假如工作还没有做就在乎排名次，就不可能有好的工作成果，最后就没有名次。

我自己在2001年得到了一个国家自然科学奖二等奖，是在上海应用物理研究所，我感觉也是我们这个群体的。当时我是博导，有几个念博士的学生一块做，做出这个工作来，是经历了10年的时间，而这10年因为上海应用物理研究所在这方面的工作条件不是很好，离家也比较远，一个星期有两天不回家。我和几位学生经常讨论到晚上11点，然后我去睡觉，他们继续工作，工作到一两点，他们有想法就到计算机里面算。第二天结果就出来了，然后再讨论，一看有什么不对，又算，没有忘我地全身心地投入科学是做不成的。最后我们获得了国家自然科学奖二等奖，实际中很多观点我是错的他是对的，尽管排名，我是第一个，他是第二个，这个不是重要的，我知道好多的贡献是他做的。像他这样做下去，保持开放、讨论，我相信他今后还会得二等奖，甚至一等奖。科学就是争论、辩论、讨论的，科学不能压制别人，科学是寻求真理的过程，而这个过程就需要讨论。以我自身的经历，我感觉到在科研中，献身精神、团队精神和讨论、争论、辩论的精神非常重要。

现在这个时代，对于我们年轻的同事是非常好的时代，你们这一代里将会有很多人成为科学大师。希望你们能够献身于科学，献身于中国的发展，能够在科学团队里面和周围的同志一起努力，在辩论中、在改革中、在开放中为科学做出重要的贡献。

09 成功需要做人的智慧和做学问的聪明

侯建国，男，物理化学家，中国科学院院士，第三世界科学院院士。1978～1989年在中国科学技术大学学习并获凝聚态物理专业博士学位。1988～1995年，先后在苏联科学院结晶学研究所电镜实验室、中国科学院福建物质结构研究所、美国加利福尼亚大学伯克利分校、美国俄勒冈州立大学化学系从事科学研究工作。1995年任中国科学技术大学教授，先后任中国科学院结构分析重点实验室主任、中国科学技术大学理化科学中心主任。2000年任中国科学技术大学副校长，2004年兼任合肥微尺度物质科学国家实验室（筹）常务副主任，2005年任中国科学技术大学常务副校长。

侯建国教授长期从事物理化学领域的研究工作，特别是在利用高分辨率扫描隧道显微镜研究单分子特征和操纵方面取得了一系列成果，为单分子物理化学领域的研究做出了理论和实验上的重要贡献。在*Nature*、*Science*、*J. of Amer. Chem. Soc.*和*Phys. Rev. lett.*等期刊杂志上发表学术论文100多篇。

1995年以来，先后获国家杰出青年科学基金奖、中国科学院院长研究基金奖、中国科学院和安徽省自然科学奖一等奖、香港求是基金会“杰出青年学者奖”、中国分析测试协会CAIA特等奖、海外华人物理学会“亚洲成就奖”、国家自然科学基金二等奖，并获得全国优秀留学回国人员、全国优秀博士后等多项荣誉称号。

侯建国教授担任《纳米科学与技术》(*American Scientific Pub.*)、《国际纳米技术》(*Inderscience Pub.*)《国际纳米科学》(*World Scientific Pub.*)，以及《中国科学》、《中国化学物理》等杂志的编委和责任编辑，是英国工程与自然科学研究委员会评委、中国真空学会理事长、中国物理学会常务理事、中国材料研究学会理事、中国表面物理学会副主任委员、中国实验室国家认可委员会成员、国家纳米科学中心学术委员会委员和教育部科学技术委员会，以及一系列国际会议的程序委员会委员。

报告时间：2004年9月8日

报告地点：中国科学院研究生院中关村园区

现在的青年，每一个人都非常渴望能尽快在事业上有所成就，成为某一个领域的专家。但是如何成功，没有一个固定的公式或者答案。每一位成功人士都有自己非常精彩的经历和体会，可以说条条大路通罗马，只要把事情做好就能成功。我想要在科学上取得成功，最重要的是要有做人的智慧与做学问的聪明。

每一代人都有时代的烙印。我们这一代人，接受教育的10年正是“文化大革命”的10年，它给我们打下了非常深的时代烙印。今天回过头来看，时代给予我们的也有一些很好的东西，或者说有些正面的东西留在我们的脑海里。今天是创新系列讲座，我想谈谈怎样做人，以及对待生活和事业的态度。我在准备这个报告的时候，想起了两句毛主席语录，一句是“人是要有一点精神的”。我理解，就是人需要有一个生活目标去追求，有了追求目标，就不会人云亦云跟着潮流走，就会比较踏实，根据自己所设定的目标做好每一项工作。第二句话是“世界上怕就怕认真二字”。我觉得很多时候，同样做一件事情，认真和不认真的结果非常不一样。由于学术的关系，我跟日本方面的教授和实验室合作的比较多，日本民族确实有很多东西值得我们学习，尤其是日本民族的认真精神，如日本产品确实比很多中国的产品要好得多，并不是他们设计得特别好，而是再简单的东西，他们都追求精益求精、至善至美的结果，这一点值得我们中国科学家学习。

学习和事业，生涯中的两次重要选择

第一次是出国热潮中是否出国的选择

我1978年考入中国科学技术大学（简称中科大），在学校中感受到学习的巨大乐趣。20世纪80年代刚刚改革开放，正逢出国热潮，尤其是在中国科学技术大学，我们班大部分同学通过各种途径，包括通过李政道先生组织的中美联合招考研究生（CASPEA）计划出国留学，基本上都走了。而我在中科大坚持了10年，拿到了博士学位。当时我也想到出国，因为当时社会上包括学校里形成了一个很明确的判断：只有出国了，才算真正有出息、有本事。最后为什么没有出国呢？原因有两个。第一，选择出国就要失去许多学习各种知识、弥补知识缺陷的时间。我们这一代人受到的教育非常残缺，我1966年进小学，1976年中学毕业，“文化大革命”之中没有受到正规的学校教育。我1977年准备高考，我父亲找了一个退休的大学教授给我辅导数学，教授要检查一下我的数学水平，就写了3/2，让我写成假分数和小数，我就写不出来，就是这样的程度。更不要说在文学、地理、历史方面，基本上都是空白，这也是你们这一代人比我们强的一个原因。我们可能是“文化大革命”后国内第一代金庸武侠小说的读者，当时金庸小说刚到大陆的时候是油印本，我们到外面小书摊去租，一章薄薄的一本，我们宿舍的同学轮流看，然后交换。在大学里，我深切感受到自己的知识结构残缺和基础薄弱。特别是到了图书馆，我看到那么多的课外读物，非常兴奋，用课外时间阅读了很多书，补充了以前没学过的知识，过得很充实。如果选择出国，就需要花大量精力去复习英语，考托福和GRE，花很多时间做英语的物理题、数学题。我觉得这个选择比较适合我自己，把过去没学的知识补了一下。

第二，我在大学里非常幸运地遇到了两位非常好的导师，钱临照院士和吴自勤教授，他们都是中国知识分子的代表。他们给我很多帮助，包括做人、做学问，我在他们身上学到了很多东西。他们学识渊博，并且忧国忧民，对国家和民族有非常强烈的责任感。我举一个例子，钱临照先生 1934 年到英国伦敦大学留学，中国那时候很落后，生活条件非常差，英国是当时国际上最强大的国家之一。1937 年抗日战争爆发，他在伦敦一听说就立即回国。他觉得他们在外面留学，国家要亡国了，就应该回来和祖国在一起。还有就是 1970 年中国科学技术大学迁到安徽省合肥市，学校的损失非常大，他当时已经 60 多岁了，又是学部委员，完全可以留在北京，但是他还是选择和所有的教职员工一起下迁到合肥，一直坚持在合肥帮助中科大重新创业，这一点我觉得非常不容易。

第二次选择是从美国回母校工作

1995 年我从美国回到母校工作，当时很多人问我为什么回来。其实我出去就没想到一定要在外面待着，是要回来工作的，所以做决定的时候相对来说比较简单。那为什么是 1995 年而不是 1996 年或者等国内条件更好以后再回来？这儿有一个原因。1994 年，钱临照先生已经将近 90 岁，吴自勤先生也将近 60 岁，而且身体非常不好。钱先生写了一封亲笔信给我，由吴先生专门带到美国。吴先生让他女婿开车从加州找到我工作的地方，把钱临照先生的亲笔信交给我，希望我能够回国。所以，我决定 1995 年回来，不在外面继续等了。回来以后，条件也不是特别好，学校给我的职称是副教授，月工资 522 元钱，住房 50 多平方米，这样的条件即使在当时的中科大也不是最好的条件。因为人才断层问题，当时学校开始破格提拔一些年轻人，有一些非常优秀、比我年轻、一直坚持在国内工作的同事，已经提升到正教授。我觉得不能跟人家去比，因为毕竟他们坚持在国内工作，在很困难的条件下做一些很不容易的事情。我们回来应该先干起来，虽然申请了一些经费，但是 1996 年才能到，所以就自已动手做设备，并且用这些设备做了一些很好的工作。

对于做科研工作，我总结了几点体会，希望与大家共勉。

一是要从“大处着眼”。选择问题和选择课题的时候，一定要选一些大的，有重要影响的问题，要选择一些对科学前沿或者对实际应用有重要意义的课题。一个学科像一棵大树，有树干、树枝、树叶，一些问题相当于树干，一些问题相当于树枝，一些问题相当于树叶。一棵树，没有树干就不成为树，去掉一些树枝就不太完整，但少一些树叶，多一些树叶，其实并不重要。选择问题时更多地要选择“树干”问题，起码要找一些“树枝”问题，当然“树叶”有时也需要。每年我们国家发表的论文非常多，但是真正有价值的并不多。

二是要从“小处着手”。就是要从小事做起，把大的问题落实到小的课题上，一步步往前走，锻炼自己动手能力和分析解决问题的能力。

三是要“不断思考”。就是要把科学研究当作一个乐事，作为一个事业，作为自己生活的一部分，你就会不断地想一些问题，发现一些问题，找到解决问题的新办法。

四是要“善于合作”。每个人的能力和长处都是有限的，你如果能够和更多的人合作，取长补短，往往就扩展了自己的能力。大家合作，你可以通过你的长处帮助别人，别人则通过他的长处帮助你。我在10多年的研究过程中，得益于非常多的合作者，互相促进，也互相帮助。

在比较差的条件下做出比较好的成果

我举一个自己做博士论文的例子。我的导师最早给我定的题目是“在锗硅半导体中发现准晶”。经过一段时间的努力，我发现在我们的条件下很难获得成功，但是注意到国际上一个非常有意思的方向，就是用描述不规则物体的分形数学理论，来描述很多学科中的不规则物体的形成和演化规律。非晶半导体的晶化是当时国际上的热点课题，国外的研究局限于了解晶化的机制，他们条件很好，大多采用高分辨电镜，利用各种精细光谱来研究晶化区域的微结构，以及动态观察晶化的动力学过程，然后分析它的晶化过程。我们的条件不够，但是找到一个切入点，就是用分形理论研究薄膜晶化问题，因为薄膜晶化可以用分形数学作比较好的定量表述。通过这样的方法，我们实际上用一般的电子显微镜，甚至光学显微镜就可以做实验，来描述不同条件下晶体生长的形态，总结出它的生长特性，并且从另外一个角度对分形的晶化动力学进行描述。应该说这个工作还是比较有特色的，当时在美国的《物理评论》上发表了两篇文章。后来我们实验室的同事又接着在这个方面做了一些工作，使这个工作更加完整。现在我发现，过了10年还是这几篇文章有人不断地引用，给予比较好的评价。1997年，我们申报了中国科学院的自然科学奖，很荣幸获得了一等奖。当时的条件比现在差得多，关键在于找到一个切入点，用新的方法来研究老的问题，有时候会柳暗花明，得到一些新的突破。

抓住问题的关键，往往可以使复杂问题简单化。

比如我们这几年做的单分子物理化学，C_{60}分子是非常漂亮的足球分子，发现C_{60}分子的科学家因此获得了诺贝尔奖，但是实际上大家都没有直接观察到足球分子的结构。早在20世纪90年代初，很多科学家就希望用扫描隧道显微镜看清足球分子的内部结构，做了很多的尝试，一直没有获得满意的分子图像。一直到2000年的时候，西班牙、美国和德国一个联合研究组发表了一篇相关文章，不久我们与他们在国际会议上碰到，讨论了一下这个问题，他们认为之所以没有看到满意的分子内部图像是因为仪器的分辨率不够，各方面的条件不行，所以几年来花了很多时间在改进仪器。但是，我们看他们发表文章上的图像，不是太好，只能看到分子的轨道，不能看到分子的内部结构，或者是化学键。对此，我们分析其实和仪器没有太大的关系，看不到内部结构并不是仪器分辨率的问题，而是分子和衬底之间的相互作用。你用显微镜观察分子结构，将分子放在衬底上面，它们之间的相互作用导致了电子流分布状态的不均匀，影响了分辨率。所以解决问题的关键就是要把分子和衬底隔绝开，就是在分子内部引进一个气垫把相互作用隔绝开就可以了。我们就把硫醇分子组装在金的表面，就相当于一个气垫，把 C_{60} 分子和衬底相互作用完全隔绝，结果非常清楚地看到分子内部的化学键，理论图像和实验图像符合得非常好，引起国际同行的关注。

善于合作，才能在不同学科的交叉点上解决一些难题。

我们一直想解决一个难题，即一个分子吸附在表面的问题。如果是一个原子吸附在表面，很简单，可以把它看做一个球，只要确定它的位置就可以了。但是对一个比较大的分子吸附在表面，你不光要确定它的位置，而且还要确定它的取向，就是它到底头朝上，还是头朝下，因为这个决定它的物理化学性质，对催化、对它今后应用都不一样。怎样来确定分子的取向？一方面要做非常好的实验，即在分子与衬底相互作用的情况下，也能得到一些非常复杂的分子图形。另一方面需要理论解释。我和杨金龙教授合作，他是做理论化学的，建立了理论化学数据库，相当于指纹库，和实验做对比，这样就把分析的取向确定下来。这个工作成果发表以后，国际同行比较感兴趣，美国物理学会的网站还发表了一个新闻，因为这是世界上第一次能够通过这样的工作把分子在固体表面的取向非常清楚地确定下来。

科学研究要有好的思路，也要有实现思路的实际工作能力。

我特别希望研究生同学，能够更多地去培养自己的实际工作能力，包括实验方面的动手能力。中国的研究生和美国、欧洲、日本的研究生比起来，理论方面、基础知识方面并不比他们差，甚至比他们还要雄厚一点，但是在动手能力方面，在解决实际问题的能力方面，与他们相比有差距，我觉得需要加强。我举一个例子，是我的博士生做得一项非常漂亮的工作。在一个 $Dy@C_{82}$ 分子里，要确定金属 Dy 原子是不是在 C_{82} 分子的笼子里面，以及这个原子在分子内部的哪个位置，这是一个很具挑战性的课题。2000 年，日本科学家把这样的分子组装在纳米碳管里面，然后用高分辨的电子显微镜照射，看到有一些黑点在里面，认为已经证明这些黑点就是金属原子，而且不是在中间的位置，叫豆荚型结构。这个工作很轰动，因为直接提供了分子中间有一个金属原子的实验证据。但是我们觉得这个结果还不够直接，医院可以利用 X 射线为患者做透视检查，能够透视骨头的结构，有没有一种透视技术把原子的位置透视出来呢？我跟我的博士生王克东讨论如何解决这个难题。我们想，因为原子既然在分子笼子里面，那么在能量空间上也许就能显示出它的位置和特征来。这个工作就需要我们在 STM 设备上多加一些设备，要把信号源、处理器和计算机连接起来，这需要很强的实际动手能力。王克东做得很好，我们在正常扫描形貌时引入了一个 15MIV 的高频的交变电场，结果得到了非常清晰的分子图像，看到了分子内部的金属原子，就相当于给原子照了一个 X 射线透视像。电流层析像技术并不是新技术，20 世纪 80 年代就有原理，问题的关键是在实验中怎样引入一个信号，这个信号的窗口要足够小，才有足够的分辨率，然后要让这个信号跟你现有的设备信号源不互相干扰。

不迷信常识或公认的规律。

很多同学可能都学过纳米材料和结构方面的课。常识说，纳米材料的结构和性质，由于量子尺寸的效应，服从量子力学的规律。原因是什么呢？因为纳米结构的尺寸非常小，它的电子波函数受到限制，就产生了量子效应。我们就问一下，难道这个量子效应就不能改变吗？如果我们能改变一种材料电子自由程和电子态的寿命，也就是改变波函数在量子结构里面的分布，那么会出现什么结果？我们设计了这样一个实验，有一个金属纳米颗粒，它是一个非常有序的晶体结构，我们把它变成非晶态，变成非晶以后，电子的散射就增强，电子散射的平均自由程就降低了很多，它的行为就发生很大的变化。大家看一个单电子效应的峰，在晶态里面有很多量子效应引起的效应，在这里面就没有了，变成了一个经典的效应。也就是说，8 个纳米的晶态量子点在 4 开的低温下是没有量子效应的，到 4 个纳米的时候出现了量子效应，到两个纳米的时候量子效应就变得非常明显，但是从两纳米的晶态变到非晶态，又从量子效应回到了经典物理学可以解释的范围。我们得出这样一个结论，就是减少尺寸本身不必然出现量子效应。这个研究结果投到《物理评论通讯》，很快就被接受。而且在国际会议上作邀请报告的时候，同行们都非常感兴趣，觉得是很有趣的现象。所以希望大家经常对一些常规的事情多问一些为什么。

最后，我有几句话与在座的所有同学共勉。首先，诚实是做人、做学问的根本。社会发展得非常快，确实有很多诱惑，也有一些不好的现象，包括学术界，也有学风的问题和学术浮躁的问题。但是作为一个科学家，一定要诚实，成功一定要建立在诚实上面，这是学术界对你认可的一个根本保证，大家对你的结果一定要感到信得过才行。其次，珍惜每一个机会，从小事做起，聚沙成塔，就能够成功。不要总是等下一次机会，每一个机会都把它做好，把眼前的每一件事情都做好，不要说这个事情没什么了不起的，随便做做就行。在每一件小成功的基础上，就有可能获得大的成功。再次，豁达宽容。大家应该保持一种比较好的心态，保持一种健康的心态，对一些小事和短期的事情不要太计较，看得长远一点，快乐工作、快乐生活。如果大家选择了科学研究事业，一定要把科学研究当成一种乐趣，从中找到乐趣。没有快乐，绝对不可能有创新。

10 材料科学研究的动力与乐趣

卢柯，男，材料科学家，中国科学院院士。1990年于中国科学院金属研究所获工学博士学位。现任中国科学院金属研究所所长，沈阳材料科学国家（联合）实验室主任。

主要从事金属纳米材料及亚稳材料等研究。主要成果：发展了一种制备无微孔隙和界面污染的金属纳米材料的新方法——非晶完全晶化法，深入系统地研究了金属纳米材料的结构性能关系及结构稳定性，揭示了纳米材料的本质结构特征和一些奇异性能（如反常 Hall-Petch 关系等），发现了纳米金属铜在室温下具有超塑延展性。深入研究了非晶态合金的晶化微观机制和纳米晶体的熔化行为及过热机制，建立了过热晶体熔化的动力学极限理论（均匀形核灾变模型），并在实验上实现了金属纳米薄膜的稳定过热。发展了利用表面机械变形处理实现金属材料表面纳米化的新概念和新技术，并利用此技术大幅度降低了铁的表面氮化温度。最近，纳米孪晶可大幅度提高铜的强度且同时保持其高导电性。这些研究成果在国内外学术界产生了重要影响，丰富并推动了纳米材料的研究。

近年来在 *Science* 等学术刊物上发表论文280余篇，26次在国际学术会议上做特邀报告。先后被选聘为国际纳米材料委员会委员、国际急冷及亚稳材料委员会委员，在国际 *Scripta Materialia*

杂志等四种国际学术期刊任职。曾荣获国际亚稳及纳米材料年会ISMANAM金质奖章和青年科学家奖，何梁何利基金科学与技术进步奖，第三世界科学院TWNSO技术奖和“桥口隆吉”奖。

报告时间：2004年9月8日

报告地点：中国科学院研究生院中关村园区

我为什么作材料研究，为什么能坚持做，一个很重要的原因就是有动力、有兴趣。

是什么驱使我进行科学研究？因为做任何一件事情都有一个动力，我作材料研究也不例外。我大学学的专业是金属材料及热处理，那时我学这个专业完全是为了考大学。考大学就要填志愿，当时想填一个理工科的专业，怕填好的录取不上，最后干脆挑一个大家不愿意去的金属材料及热处理。但是现在金属材料及热处理被统称为材料科学与工程。

生活要变得更好，就需要更好的材料。

为什么我要研究材料科学？因为材料科学和我们日常生活息息相关，人类进步的每一个台阶都有材料科学发展的一个印迹，如2005年下线的空客A380就是一个非常典型的材料科学技术推动技术进步并改善我们生活的一个例子。现在世界上最大的民用飞机是波音747，可以载客三四百人，而空客A380是空中客车公司制造的双层客机，它的最大载客量可以达到800人。飞机做大了，实际上要解决的问题，除了结构设计上的问题之外，最核心的问题就是材料问题。飞机大了翅膀就得大，翅膀要做这么大，怎么做？这是一个典型的材料工艺问题，因为不能焊接，必须一次加工成型。飞机大了动力也要大，动力要大，就得提高发动机的效率，实际上就对发动机的核心材料提出更高的要求，即在更高的温度下，实现更高的燃油效率。那天，看到一个消息，阿加西在美国网球公开赛上输了一场，阿加西作为一个 35 岁高龄的网球运动员在历史上是不多见的，他能有这么好的成绩，如此长时间称雄网坛，除了与他的技术和素质有关外，另外一个重要的原因，就是他手里拿的那副球拍非常好。他现在手里拿的球拍就是 2003 年最新款非晶态金属球拍，在这个球拍的框架里增加了一部分大尺寸非晶态合金，以提高它的强度和韧性。这种球拍在中国有卖的，3000 多元钱一支，大家可以试试，听说力量非常强。当然在日常生活中还有很多新材料的例子，包括大家希望越长越漂亮，牙齿越用越好。因此说我们的生活要变得更好，就需要更好的材料。所以，材料科学研究的第一大动力就是人们希望提高生活水平。

解决资源短缺，需要少用资源做出新材料，或用现有资源做出更好的材料。

我举一个全球镍的产量和价格变化的例子。从 20 世纪 60 年代开始到今天，镍的价格一直是连续上升的，20 世纪 60～70 年代全球镍的需求量增加得非常快，年均增长率大概是 7.3%。70～90 年代一直持平，就是增长率非常低。90 年代以后是第二次增长。为什么 60～70 年代镍的需求增长非常快呢？因为镍主要是生产不锈钢的材料，不锈钢是工业化过程中的一个标志性的材料。60～70 年代镍的需求的巨大增加主要是日本的工业化带动的，就是日本的工业化带动了整个不锈钢的需求。大家知道日本是一个很小的国家，这么小的一个国家竟然能够对全球的资源市场产生这么大的影响，可见这个材料在社会进步中的作用。到了 90 年代以后为什么又急剧地上升呢？分析家认为是因为中国的工业化。2004 年镍的价格涨到了 7～8 美元/磅，已经翻了两番多。说明现在中国实现工业化，和日本实现工业化时又有很大的不一样，不但需求增加，而且成本有很大的提高。换句话说，如果我们现在不做新材料的话，中国工业化的成本将是非常巨大的，资源短缺有可能成为中国工业化进程的一个非常重要的障碍。为了解决资源短缺问题，做新材料，少用资源，或用现有的资源做出更好的材料，可能是一个根本的办法。所以，材料科学研究的第二个动力就是自然资源的日益短缺，迫使我们必须研究怎么样尽可能少用自然资源，做出更好的材料。

减少环境污染需要做出更加环境友好的材料。

原中国科学院副院长陈宜瑜根据南极冰心测量的二氧化碳浓度，发现二氧化碳浓度在1000～1800年几乎没有什么太大的变化，但是1800年以后二氧化碳浓度有非常急剧的上升，说明大气被污染是1800年以后全球工业化造成的。所以，工业化实际上是造成空气污染的一个非常重要的原因，所以生态环境的恶化和保护，迫使我们必须考虑怎么样做出更加环境友好的材料，怎么样使这些材料不再污染环境，而且有更好的性能。

如果从这几点考虑，现在的中国工业化和过去西方的工业化非常不一样。第一个不一样就是我们有巨大的人口，所以温家宝总理总是说，中国的问题要乘13亿，这确实不是一个简单的量的变化，有可能带来一些质的变化。我们现在面临的资源和能源的危机可能比100年前西方工业化的时候要严峻得多，环境也是一个非常大的问题，我们现在的起点和过去完全不一样。国家反复倡导，中国科学院不断地提出要进行知识创新，开发有自主知识产权的技术，最根本的原因就是我们靠简单的技术引进根本没有办法实现中国的现代化。

中国现代化对高新技术的需求，实际上就是我们经常谈到的国家战略需求。我们必须做出一些新的材料和新的技术来满足中国现代化这个特殊时期的一些需要。我再举个例子，我们有钢是不是就可以了，我们不断地提高钢产量是不是就可以了？现在看来不行。中国钢产量已经相当高了，但是靠量是解决不了问题的，我们必须实现钢的性能的升级，概括一点说就是要实现传统材料的升级，所以我们要做出更加优质的钢。现在国家“973”计划开了一个超级钢项目，就是在不改变钢的合金元素成分的基础上，能够实现它的强度的翻番。我们也需要做出先进的工程材料，刚才我谈到的镍的需求不断地增加，镍的成本不断地提高，我们有没有可能做出不含镍的不锈钢，我们有没有可能做出更加先进的微电子材料，来推动我们国家微电子行业的发展。能源也是非常重要的一个原因，有没有可能做出一些新的材料来提高能源的利用率，包括新型的光电材料、电池材料、氢能材料等，环境友好材料也是我们努力的方向。

在中国现代化建设过程中，很多事情是国外根本没有办法做的，中国现在不单单是要引进跟踪，现在很大程度上更需要创新。我举一个例子，最近开始施工的杭州湾大桥，为了改善长江三角洲一带的经济，从浙江宁波慈溪架一座桥到上海，全长 36 公里，这座桥建成以后应该是全世界最长的桥，投资估计是 100 多亿元人民币。建这么大的一座桥，就面临着设计上、材料上等一系列非常严峻的问题，杭州湾涨潮和落潮的时候跟长江水流速差不多，既带有大量的泥沙，又是海水，那么在这种恶劣的情况下，我们怎么建成高质量的桥，保证 100 年不出问题。现在已经定下来的技术方案是用钢桩，很荣幸是用金属桩，用钢桩打下去，在表面进行防护。像这样的工程在世界上是绝无仅有的，听说最近又在中国澳门和中国香港之间修一座桥，比这个还长，48 公里。那就是说中国现在的发展，不但对全球的经济产生了影响，实际上对全球的科学与技术也提出了新的要求和挑战。要说材料科学研究有没有用，看看这些，我想非常有用。

好奇心驱使科学家探索材料科学。

材料科学的发展在相当程度上是科学家的好奇心带动的，因为科学家是人，人就有好奇心，有兴趣，有兴趣就可能做出来。材料科学发展本身也是这样一个过程，把材料做出来，是制备加工的问题；它的结构怎样；它的性能怎么样；它的使用行为怎么样，这四个环节相互连接在一起。在制备方面不断有新的制备技术出现，它吸引了不少科学家进行探索。结构上无限的深入，从宏观尺度到微观尺度，最近主要是在原子和分子尺度上进行模拟表述。在性能和行为方面，以前是简单地追求某一个性能，现在要的是综合性能，这和对我们人的要求是一样，以前是要求学习好就行，现在是三好学生，听说最近又提培养将帅型人才，就是既能干活，还得能带领大家干活的人才。对性能的要求，尽可能趋近于性能极限，还要智能化，对环境友好，在极端条件下有好的表现等，这些都是激励科学家去探讨的重要的原因。

国家安全和综合国力提高的需求驱动材料科学的发展。

这个我不用多说，现在世界上并不太平，有一些人总在折腾事情，这些在媒体上都可以看到的，我想中国处在这样一个非常难得的发展时期，不得不居安思危。国家安全不得不使我们考虑怎么样做出更加先进的武器，我们的武器当然不是为了打别人，我们主要还是为了防御，当然也包括怎么样解决台湾问题，怎么样做出更加智能化的、低成本的武器。我想应该说军事工业的发展是对材料最大的带动。当然综合国力的提高，包括我们探索空间，“神舟号”系列飞船的飞行，给国人带来了巨大的惊喜，这实际上也是我们国家综合技术能力提高的一个体现，我们中国科学院也做出了巨大的贡献，金属研究所也在其中。

从整个材料科学与技术发展的特点上来讲，我们从事材料科学研究的动力是巨大的。整个材料科学研究的链条分为这样几个部分，从物质材料的科学基础，一直到材料学基础，材料应用基础，材料应用到材料产业。这是一个密切相关的链条，在这个链条里面真正材料学的基础主要是如何从事基础性的研究工作，站在国际学术前沿，做出新的知识、新的材料，来解决重大的科学问题。从应用的角度，我们要解决重大的技术问题，这个是面向国家的战略需求，怎么做出实用的新材料，因为现在做出新材料并不一定有用，做出一千种新材料，搞不好只有一种是有用的，研究出一千种新技术，搞不好只有一种是有用的技术。这就是为什么我们国家有这么多的论文，这么多的专利，而我们的材料还是比较落后，因为真正变成实用的技术，可使用的材料还是有一个过程的。这两点也是我们中国科学院办院方针里面两个重要的环节，一个攀登，两个面向。我们解决重大学科前沿问题，最终还是要推动技术的发展，重大的科学前沿问题，实际上也是和国家战略需求密切相关的。从这个意义上讲，我们有十分充足的动力来开展材料科学研究。

下面我讲一下，光有动力不行，如果只有动力没有乐趣，一个人挺不了多长时间，就像一个人每天都在工作，不去休息，不去玩儿，是难以为继的。

大幅度降低材料表面氮化温度的新工艺是怎样找到的

第一个例子是来自工业界的问题，就是铁的渗氮问题。这或许太专业了，我把这个问题讲得通俗一点，什么叫铁的渗氮呢？现在的钢和铁，我们觉得已经很好了，但是在一些特殊的情况下，它的表面实际上不够耐磨，不够耐腐蚀，为了解决这个问题就要在表面渗上一层氮。主要是希望氮跟铁化合，形成氮化铁，这个化合物的强度非常高，耐磨性非常好。这种技术实际上在工业界已经做了几十年了，发展了两类渗氮工艺，一种是抗磨氮化，一种是抗蚀氮化。比如说一个齿轮，齿轮的表面要耐磨，就需要进行抗磨渗氮，渗氮以后它的寿命就会大幅度提高，为什么提高呢？就是因为在渗氮层表层形成一种氮化物，这种氮化物起到一种耐磨作用。渗氮在工业界已经形成了一种大家认可的工艺，基本上是在500～550℃以上进行处理，有的会更高。但是这样一种渗氮工艺，500～550℃对很多钢来说温度太高了，可能造成材料的变形，或造成内部组织的退化。我这里举一个例子，能不能降低渗氮温度，通过降低渗氮温度减少材料的变形，这实际上是工业界非常具体的一个问题。怎么降低呢？以前的渗氮如果降低几度，从500℃降低到490℃，这个已经很好了，因为降低几度，无论从功效上讲，还是从对材料变形上来讲，都有非常大的好处。但是有没有可能通过最新的技术使渗氮温度大幅度降低，我们提出能不能通过把表面做成纳米结构来实现。把一个材料的表面一层做成纳米结构，做成以后它的性能可能有大幅度的提高，我们通过这个实现低温氮化。怎么做呢？用高能粒子束，或者用高强激光来做，当然也可以，这有现成的物理办法和化学办法，但是如果是工业界要用的话，希望越简单越好，最简单的办法就是拿榔头敲一敲就行。所以我们发展了一个技术，让高速振动的钢球击打在材料表面，通过反复的表面塑性变形，使材料表层实现纳米化，这是我们独立发展起来的一种新的技术，实践证明非常有效，就是用这么简单的一个过程实现材料表面的纳米化，尤其是金属表面的纳米化。做完了以后发现表面可以形成一个纳米层，具体的原理我可以花两个小时来讲，但是大家不一定感兴趣。做成这样一个纳米层以后，例如，拿纯铁来做，如果你测量从表层到芯部的精密尺寸会发现，最表层大概只有10纳米左右，随着深度的增加会越来越大，在十几个微米厚度内能形成100纳米以下的晶粒，实际上这个已经够了，氮化只需要10个纳米就够了。所以把这样的样品扔到炉子里面氮化，我们在300℃下9个小时就做好了氮化层，这个氮化层和在550℃下氮化几十个小时的结果是完全一样的，相当于我们把这个温度降低了。如果你比较一下没有处理的样品和有纳米层的样品，一比较可以很清楚，没有纳米层的样品什么事情都没有发生，而有纳米层的硬度和含氮量都有了很大的变化。实际上就给了我们这样一个可能性，在原来的氮化工艺图上，我们找到了可以大幅度降低氮化温度的工艺，这对工业界是有价值的。所以，去年 *Science* 报道了这项研究，很多朋友问我，从科学的角度讲，没有太大的新意，为什么 *Science* 要登这个东西？*Science* 的审稿人说它是巧妙地利用了科学上的进展来为工业界的技术发展提供了一种可能性。我想不要认为我们做“破铜烂铁”的人没有可能在这种高档的杂志上发表东西，任何一个学科，无论它多老，都有非常新鲜的东西等待我们去开发，无论它多老，都有非常精彩的科学和技术问题等待我们去探索。我举这个例子，就是从工业界看到的一个问题，怎么通过创新思维，通过科学技术的进步来推动它的发展。

超高强度高导电性铜的研制

第二个例子，讲一讲从教科书里看到的问题。科学研究的问题从哪来，无非从两个地方来，一个是工业界，一个是教科书。有些人会问教科书会有什么问题，但是你如果认真读教科书的话，对书上说这件事情可能发生，那件事情不可能发生，你要认真想一想，有时候书上说不可能发生的事情，却有可能发生。所以，不要崇拜教科书。我们要学习它，但是我们一定要有这种意识去挑战它，假如你不挑战它你就不可能前进。最近我们刚刚做完一件事情，教科书说金属是最好的导体，但是金属作为导体有一个缺陷，就是它的导电性越好，强度就越低，而强度也是大家需要的。银是目前自然界最好的导体，它的导电率非常高，但是强度非常低，也就是说银非常软。如果想提高材料的强度，往往要损失它的导电性，如做铜合金，强度可以从一两百兆帕提高到四五百兆帕，但是导电性能下降一个量级。所以大家总说鱼和熊掌不可兼得，在材料里面就是强度和导电性不可兼得，你要得到导电性就一定得拿强度去换，你要得到强度就一定得拿导电性去换。这件不能两全的事情有没有可能解决呢？教科书上说不行。几种强化机制决定了你不可能既提高强度，又不损失导电性。比如说合金化是最好的强化，比如说铜里面加点合金元素会导致电阻升高；弥散强化，就是给这个材料里面加入第二相强化，这也会导致电阻升高；晶粒细化实际上是制造了很多晶界，也是会导致电阻升高的；加工硬化，就是拿一个东西硬化一下，增加了很多位错。所以这四种现有的常用的强化技术，基本上注定了不可能不使电阻升高。但是教科书上有一个角落也写了这么一件事，在材料里面增加孪晶也可以导致强化，但是它没有告诉你电阻是不是增加，所以我们就说有没有可能通过增加孪晶界来提高强度，看看是不是导致电阻升高。我举了一个1960年人家发表的一个工作成果，就已经看到增加孪晶界的确可以强化，但是增加孪晶界为什么会强化呢？书上讲是孪晶界会阻碍位错，位错不能运动，所以就强了。那么孪晶增加，能不能导致电阻的升高呢？从它的电阻率上算一下，发现不怎么升高。增加孪晶界，强度提高的同时，孪晶的电阻非常低，有可能导致电阻不怎么提高。所以，这个有可能在这给了我们一个可能性，就是说你可以把强度做到非常高，但是电阻还不上升，理论上是可以做到这样的，实验上能不能做到呢？应该是能做到的，我们用的最简单的办法就是电镀。我们利用电镀做出这样一个样品，纯铜结构里面有很多这样一条一条的，这就是孪晶。什么是孪晶呢？是一种非常特殊的晶界，能量非常低。我们发现这个晶界是一个非常完整的孪晶界，实际上我们通过工艺找到了这样一个材料，这个材料可以在纯铜里面有大量的孪晶界，一拉它的强度，发现它的强度非常高。一般的铜强度在80兆帕左右就屈服了，我们这个孪晶的铜可以达到1000兆帕，就是提高了10倍多，而且有很好的延展性。我们仔细研究了强度与孪晶多少的关系，实际上是验证了孪晶可以强化的一个实验。再测它的电导，发现它的电导也非常高，无氧高导铜是100%，孪晶铜大概是97%。这件事情意味着什么呢？意味着我们从过去的阴影当中找出了一个材料，跳出了教科书给我们的这个圈子。导电性和纯铜差不多，强度比现在的高强钢还要高，所以现在我们拿到这个铜片弹一下和钢片是一样的，但是导电性非常好。核心就是改变它的强化技术。今年3月份在 *Science* 也登出来了。大家经常问我，你们多次发表这种高影响力的论文的原因是什么，我想有三点原因。

第一，要做出真正有创新性的重要的发现或者进展。现在有很多人做出了一点东西以后，马上就投给很高水平的杂志，这些杂志都很聪明，他审都不审就给你退回来了，在 *Science* 上面，中国人投稿率非常高，但是命中率非常低。主要就是说我们是不是真正做出有突破性的、有创新性的工作。

第二，要写得好。一篇好的文章，除了工作要好，还要写好。为什么要写好呢？写好是你能够充分表达自己学术观点的非常重要的途径。一个人很有能力，但是没有口才，人们称之为“茶壶煮饺子”。我们中国人在语言表达上与外国人有很大的差距，西方的孩子从小学开始就练习讲演，竞选班长，我们现在到研究生的时候，搞不好班长还是班主任指派的，没有锻炼表达能力的机会，我觉得在科学研究方面非常需要表达自己，你有非常好的观点，如果不能用很好的方式表达，可能你的成绩就要打折扣。

第三，要有非常强的自信心。就是说你自己做出的东西是对的，你一定要相信它是对的，你千万不要说某某专家说你这个东西有问题，不行，所以我就不行。当然有用的建议要听，但是自信心一定要有，如果没有自信心，什么事情都做不成。

这三点的第一点是要有好的结果，实际上是说服你的同行，真正的专家要承认才行，所以第一点是要说服专家。第二点是要表达好，实际上是要说服编辑，很多人工作很好，文章写得一塌糊涂，编辑一看就给你退回来了。最重要的一点是说服你自己，就是你认为这个工作好不好，能不能做出好的事情来，你自己最清楚。所以最重要的是大家要有信心，要相信自己是有能力创新的，自己有能力做出高水平的工作的。

11 创新跨越与科学发展观

张懿，女，绿色过程工程专家，中国工程院院士。1939年6月出生于黑龙江省牡丹江市，1963年毕业于东北大学冶金物理化学专业。现任中国科学院过程工程研究所研究员，博士生导师，学术委员会主任，兼中国有色金属学会副理事长。

她是我国绿色过程工程研究领域主要开拓者之一。20世纪80年代开创了资源材料化学化工与环境工程交叉综合研究的新方向，建立了系列新技术和优秀示范工程；90年代开拓了清洁工艺——绿色化学化工过程研究新方向，主持我国第一个清洁工艺国家项目，在资源高效清洁转化——多级循环利用集成技术和绿色过程工程领域取得了重要原创性成果和产业化应用突破。现主要从事绿色过程工程方向的基础与应用开发研究。

曾获国家科技进步奖二等奖1项、三等奖1项，国家发明三等奖1项，中国科学院科技进步奖一等奖3项；获发明专利10项；发表论文130多篇，专著两部。还先后荣获“国家有突出贡献中青年专家”、中国科学院“十大女杰”、“巾帼建功先进个人”等称号。

报告时间：2004年11月11日

报告地点：中国科学院长春光学精密机械与物理研究所

很高兴今天能有机会在长春给大家做这次创新案例讲座。以我多年在中国科学院过程工程研究所从事研究工作的经历、对科研方向的思考和创新研究案例分析，来讨论创新跨越与科学发展观的关系，希望能对大家有所帮助。

绿色过程工程研究与科学发展观

我们所在2001年由原来的化工冶金研究所更名为过程工程研究所，这是根据学科发展、国家需求和中国科学院布局确立的更准确的定位。数、理、化、天、地、生属于基础学科，而工程科学直接面向应用领域，如资源、能源、材料、环境、医药等，我国的科技发展规划、重大科技项目是按应用领域划分的，与国民经济社会发展直接相关，可见工程学的重要。人类生产的基本活动是把资源加工成所需要的产品，所谓过程工程可以理解为资源加工中物质转化和利用的物理、化学和生物过程与工程，包括了对自然资源进行直接大规模加工利用的化工、冶金、炼油、石化、材料、医药、轻工等庞大的过程工业，为装备制造业如汽车、IT产业、家电等提供基础的原材料。因此过程工业作为基础重化工业，生产中涉及的物质流、能量流特别巨大，由于传统生产技术资源能源利用效率的低下，环境负荷也就极重。而我们所说的绿色过程工程正是针对过程工业可持续发展需求，研究如何实现资源的高效、清洁、循环利用，通过研发新的原理、新工艺、新过程和新设备，实现资源能源效率的最大化，环境影响的最小化，以满足国民经济和社会可持续发展的需要。这正体现了科学发展观在科技工作中的基本思想。

进一步展开讲这个问题，如何理解资源环境问题已成为我国和世界范围社会经济可持续发展的瓶颈呢？我们知道化石资源——石油、煤炭、天然气和矿产资源都是不可再生的，而我国人均优质资源短缺，低于世界平均水平，矿产资源又以难加工的复杂矿为主，对资源的过度甚至破坏性开发和以大量资源投入拉动的经济模式是不能持续的，它加剧了资源的枯竭和生态环境的破坏。对环境负面影响大的重化工业，由于大宗资源加工的传统工艺技术落后，收益率低，原本可以利用的资源变成废弃物排放到环境中，造成资源浪费和环境污染，我国单位 GDP 工业废弃物的产生量是发达国家的 10 倍，主要工业品的能耗比发达国家高出 40%甚至几倍，也是世界最大的二氧化硫排放国。环境污染的程度是与资源加工利用的技术水平密切相关的，研发资源节约和环境友好型的新一代替代技术提升传统过程工业，从源头大幅度提高资源利用的生态效率，正是绿色过程工程学的任务。

加入 WTO 后，中国经济对世界的影响越来越大，我国正在成为世界制造业的中心，在世界产业布局的调整中，处在工业化后期的发达国家必然向我国转移过程制造业，以利用中国廉价劳动力、土地、资源的低价优势，并把污染留在中国，这将加剧我国生态环境的恶化。我国正在制定的中长期科技发展规划对环境影响有个预测，如果我国经济的资源利用水平维持现状的话，环境影响将与经济增长等比例增长，到 2020 年国民经济翻两番时，我们的环境状况就要比现在恶化 4 倍，这是不堪忍受、不能允许的。科学的发展观是以人为本，要全面、协调、可持续发展，不能单纯片面追求 GDP。解决经济可持续发展中的资源环境瓶颈问题已成为国家的重大战略需求，是历史赋予我们科技人员的使命，我们过程工程研究所在绿色过程工程方向起步较早，从 20 世纪 80 年代的废弃物资源再生循环利用，90 年代的清洁生产工艺技术，到现在的循环经济共性技术，始终感受着社会需求对科技发展的牵引和强烈推动，中国科学院的多学科积累和国际视野帮助我们做出科学正确的判断和预见，在实践中逐步认识形成科学的发展观。

战略性高技术必须立足于自主创新。

为了加速经济发展，我国有很多技术是直接从国外引进的，走捷径引进一些技术是必要的，但绿色过程工程方向的战略性高技术是买不到的。资源环境问题是世界性的，可持续发展的环境友好新技术的开发，国外也是在20世纪80～90年代不太长的时间里才被认识到战略性高度。整个世界的生产技术，特别是过程制造业面临一个绿色化更新换代的关键时期，大家的起点相差不是很远。西方国家也有很多技术是非绿色化的，同时还正在向我们国家转移，我可以举一些例子，像上海的化工区，最近引进德国Bayer、BASF和美国GE公司的石油化工生产异氰酸酯、聚碳酸酯等基础化工产品的生产线仍是高毒性的光气法传统技术，而美国GE公司已经研发成功非光气法合成技术，他们研究开发并做了巨大的投入，最先进的技术是不会向我们转让的。他们会找到一个平衡点，就是当这个技术在世界生产量还占有相当份额，它的生命周期还没有完全衰竭的时候，就会及时地把这个技术推出去，他们要赚钱，而他们研究出来的绿色技术是要留给自身发展的，所以我们不能立足于引进，应该强调自己的原始性创新。

我们过程工程研究所把铬盐清洁生产技术作为绿色过程工程研究切入点，由于这个行业是典型的重污染行业，绿色化技术更新具有急迫性。老工艺是高温回转窑焙烧，这个设备要在1200℃高温下完成化学反应，还必须加入大量不进入产品的惰性辅料，资源转化率很低，必然造成排放大量的高毒性铬渣。致癌性六价铬排放量超过国家规定标准的1万倍，严重污染水体、土壤和大气，如重庆铬盐厂的铬渣已威胁三峡库区的水质安全，成为社会关注的焦点，引起国家高度重视，一些企业找上门来要技术。发达国家的国际级大企业采用一种相对可以减少铬渣排放量的技术，但拒不向我国转让技术，多年谈判都没有成功。其实发达国家的技术也只是一种过渡性的，并没有最终解决铬渣的零排放问题。直到我们自己的研究平台已经建立起来而且取得突破的时候，他们才同意与我国谈判，而国家发展和改革委员会已不主张引进。我们选择这个项目作为切入点，是国家需求的推动，我们中国科学院的研究队伍应该对这种国家急需解决的问题进行创新研究。

我们中华民族有大量非常优秀的人才，包括在座的同学们，随着国际信息化、全球化，我们能够直接获得最新的科学信息，施展我们的创造力，完全可以在某些领域的原始性创新方面取得突破。我现在强调的绿色过程工程，它为我们科研人员提供了广阔的创新空间。

绿色过程工程科学内涵与广阔的创新空间。

绿色过程工程的科学内涵分三个层面，在上游，我们先要解决资源加工利用的物质转化科学问题，包括物理、化学、生物转化过程物质的运动、传递、反应规律和量化关系，通过原始创新，建立高效、清洁的物质转化新原理、新方法，以形成绿色新工艺、绿色化学与生物技术是重要手段；中间层面是过程强化与优化，包括多过程耦合强化，设备强化与优化设计，物质与能量流程优化集成等，同学们有学环境专业的，要研究废弃物和过程物流如何组合建立一个最优的质量交换集成网络，以达到资源循环利用的最大化，最后是绿色产品工程设计，要考虑从使用到废弃回收的全生命周期；第三层面是产业化放大和基于循环经济理念的系统集成和生态整合。三个层面需要绿色化学化工、环境技术、生物技术、计算技术、能源技术、信息技术与工程科学的多学科交叉融合，没有前期的基础研究就难以搭建坚实的原始创新平台，所以同学们在研究生院上的基础课程的强化是非常重要的，同时中国科学院的重大研究成果应经受产业化的检验，应有能力对国民经济和社会发展做出直接的显著贡献。

上面讲到绿色过程工程的第一个层面是物质转化原理、路径、方法创新，由于物质转化一般都是伴有化学反应的，所以可归纳为绿色化学工艺创新。首先是由传统化学向原子经济性反应新路径设计的转变。原子经济性反应是美国斯坦福大学 Barry Trost 于 1991 年首次提出的新概念，引导人们如何去设计最大限度地利用原料中原子的新反应路径，他在过渡金属催化的有机分子环化和加成反应中得到成功应用，获美国绿色化学理论奖。我们把原子经济性概念引申到矿物资源化学加工过程，研究从源头高效转化资源的原子经济反应分离新路径、新方法，以从源头大幅度提高资源转化率，节约资源，削减废弃物。沿着这一思路，我们过程工程研究所开拓出亚熔盐非常规介质原子经济性反应新系统和清洁生产技术平台，已在铬化工生产中得到成功应用，并将进一步扩展到铝、锰、钛、铌、钽等多种两性金属资源的利用，这是国内外没有的原创性工作。

亚熔盐是我们发现定义的非常规介质，它在传统的水溶液和传统的熔盐之间的过渡区。在这个区域，我们发现了非常优异的热力学和反应动力学特性，并在常压下可实现较高温度的化学操作，易于实现资源的高效转化与组分分离。运用亚熔盐非常规介质特性优势开发的亚熔盐原子经济反应——分离新系统处理铬铁矿，可以实现资源的近100%的化学转化和高效节能的组分分离。基于资源循环，我们在这个过程中还引入了二氧化碳工业废气和含氢废气做化工原料替代化学原料，这样易于物质再生循环，形成了高效的化学转化、高效分离和二氧化碳参与的化学循环过程。新过程可以大幅度降低能耗，大幅度提高资源利用率，并与下游产业生态整合，实现整体上零排放，这是对传统过程的一个根本性的突破。资源的转化率由原来的 75%提高到接近 100%，反应温度由 1200℃降至 300℃，能耗下降 20%，作为污染源的铬渣源头削减 80%，并且含铬由原来的 5%降到 1‰，可作为高值脱硫剂和合格水泥原料，首次实现了铬渣零排放，还降低了生产成本，使企业同时获得环境、经济双重效益，解决了困扰这个行业的世界性难题，主要技术指标优于国外先进技术。这个工作从实验室基础研究一直做到产业化，在河南建立的铬化工清洁生产示范工程已经达到万吨级，并且还在进一步放大，成为行业替代技术。同时它还是一个普适性共性技术，非传统介质的反应分离新过程，原则上可适用于所有能与碱金属形成含氧酸根的元素，如铝、钛、锰、铌、钽、钒等多种资源的处理，这个技术平台有宽阔的扩展空间。

以河南义马的铬盐清洁生产原创性技术为核心，与当地的煤化工、煤电、建材进行生态链接，结合城市总体发展目标，完成了生态产业链共生网络和城市循环经济设计规划，已通过了国家环保总局的循环经济试点评审。

中国科学院的工作如何发挥在科技界的引领作用，我理解还在于它的战略性、原创性、普适性与关键性。战略性应该体现在关注前瞻的、全局的、符合社会发展趋势的重大方向。

在绿色工程创新方向，我所在的实验室已经在几个互相关联的重要方面开展了研究，主要包括上面讲的资源的高效、清洁循环利用，解决关键的科学问题，建立通用的技术平台，形成跨行业的、普适性的清洁生产共性技术。进一步扩展到工业循环经济生态产业链的构建、循环经济的规划和区域示范的更大系统尺度，需要多学科的交叉综合。还在环境生物技术、废弃物资源化、生物质的利用、二氧化碳的减排和资源化利用与环境催化等绿色技术方向开展了相关联的研究，并最终要推向产业化应用。

以甲醇为载体的二氧化碳全球循环系统中，甲醇是由煤气化生产的，随着我国煤化工的发展，甲醇生产量会逐渐扩大，但煤是不可再生资源，所以要开拓二氧化碳合成甲醇。甲醇作为相对清洁的燃料，它燃烧产生二氧化碳，二氧化碳要进行纯化、液化和储存，再和氢气反应合成甲醇，又形成一个新的循环过程，难点是要解决氢气的大规模经济制备技术和二氧化碳活化催化技术。现在国内外还没有过经济关，技术上差距也很大，首先是二氧化碳作为燃烧废气得进行分离和浓缩，需要开发新的分离技术，开发新的加氢技术，开发一个高效廉价的氢气大规模制备和储存技术。前面我也讲到了二氧化碳可以代替有毒化工原料，同时使温室气体减排，都是典型的绿色过程。我用这些例子就是给大家展现一个典型的资源再生循环的绿色过程，而现在有很多关键技术在世界范围内还没有很好的解决，化学、化工、环境专业的研究生，你们可在绿色过程领域，找到广阔的创新空间。

创新跨越需要全身心的奉献和团队精神。

大的项目是需要通过创新团队的通力合作才能完成的。还是以刚讲的铬盐项目为例，从基础研究一直做到产业化，目前国家产业化衔接的机制还不健全，过程工业新技术产业化难度尤其更大。设计院不愿承担非常规开发性设计，因为有风险，而且要细化理解这个全新的过程也有很大的难度，所以从实验室工作到产业化生产工艺和工程设备主体设计，一直到试车，都是由科研人员承担的。我们实验室一些博士生，他们都到现场一连几个月地长期艰苦工作，国家和企业的期望是一种非常直接的激励，那里的人民和地方政府在他们很困难的情况下支持这个项目，他们关注着中国科学院的技术到底能不能成功，到最后我们把产品拿出来的时候，工人们都流眼泪了，这就是对我们最大的回报。大型过程工业全新过程的开发，需要非常艰苦的付出和奉献。我是想和同学们说，科技创新是需要全身心投入的，我们这一代很多研究人员和上一代老科学家都是把科学研究当成神圣的事业，而不是把它当成谋生的手段。我这样讲是不是和同学们有一定的代沟和距离？科研人员钻进科研项目里，其他的都被掩盖到这个主流的事业中去了，当然我不是说别的方面都要忽略。从事科学事业必须要有全身心的投入，你不要被那些枝节问题烦神才会有效率，这是非常重要的，或者说这也是人生价值观的一种取向。还有学术带头人对青年人的引导，团队精神的重要性，一个大的工程项目需要一个团队的通力合作，这种团队精神是非常重要的，你不会和别人合作，你自身的价值也难以得到施展。

随着国家用科学发展观统领科技工作的落实，国家对循环经济——绿色技术研发会愈加重视，市场对于绿色技术需求也越来越大，如有些企业，如果是维持原有的过程，它的环保就完全过不了关，它必须调整。海尔进入欧洲的家电市场，不符合环保的包装材料和家电的再生产品生态设计，可能就要进行换代，这个调整几乎是我们所有的产业必须面临的问题。可以说世界产业的绿色化的更新换代技术需求从来没有像现在这样强烈，因为我们要建立一个可持续发展的、全面协调的文明进步的社会。了解这些对帮助同学们选择专业研究方向，设计未来，也许会有一定的帮助。

我们在绿色过程工程、建立循环经济技术支撑方面做的前期工作，包括促进建立“绿色化”理念、框架与技术示范，一直力求能对国家可持续发展战略的形成和实施从技术层面上发挥一些作用。往前走，要站在国际前沿，自主创新，占领绿色技术多方面制高点，并进入国民经济主体。“十一五”我们要把过程工业清洁生产技术平台进一步扩大扩展，逐步在多行业形成替代性主流技术，并在前面提到的绿色过程工程的多层面取得原创性突破。希望同学们有志进入这片充满时代机遇与挑战的广阔创新天地！

12 继承 发扬 积累 创新

王志珍，女，生物化学与分子生物学家，中国科学院院士，生物大分子国家重点实验室学术委员会主任。1942年生于上海，1964年毕业于中国科学技术大学生物物理系，后一直在中国科学院生物物理研究所工作。曾在德国、美国和加拿大做访问研究，在中国香港任访问教授。

她早期在胰岛素A、B链相互作用及重组等研究中做出重要贡献。近10多年来，她在国内开创了"帮助蛋白质折叠的生物大分子——分子伴侣和折叠酶"的研究，并由于在该领域全部在国内完成的系统的富有创新性的研究成果。

1996年获国家有突出贡献中青年专家称号。2002年和1996年分别以第一和第二完成人获国家自然科学基金二等奖。2002年获第三世界科学院基础科学奖（生物学奖）。1999年以第一完成人获中国科学院自然科学奖一等奖，早期还获中国科学院自然科学奖二等奖和中国科学院科技进步奖二等奖等。

报告时间：2004年11月11日

报告地点：中国科学院长春光学精密机械与物理研究所

我从1964年起就在中国科学院工作，我的人生命运是和中国科学院的命运完全联系在一起的，所以我觉得自己有责任和义务与中国科学院的同学们一起来交流作科学研究的体会。我这辈子有一个遗憾，就是没念过研究生。每次我的学生通过博士论文答辩被授予博士学位，他们穿上博士服，戴上方帽和我一起照相的时候，我会非常激动，郑重地叫他们一声博士。他们是博士，而我不是。尽管大家说华罗庚先生是自学成才，那是个案，他是天才，但是我们大部分人不是天才，我们需要有严格的训练。我的遗憾是我没有受过严格地进行科学研究的训练。当然我还是非常幸运的，我感谢我的母校——上海中学和中国科学技术大学，在这两所学校受到的11年教育对我人生各个方面的影响都是非常深远的。我也庆幸自己能在中国科学院走上研究的道路，在中国科学院成长。

我工作的生物物理研究所原来在中关村，10年前搬到了北郊，经过这几年的发展已建立了北郊生命科学园区，将生命科学方面的研究所集中在一起，隔壁邻居就是奥运村，所以氛围和环境就更好了。生物物理研究所最近几年有很大的发展，从国外回来了很多年轻的科学家。研究所主要有两个大的实验室，一个是生物大分子国家重点实验室，另一个是神经和认知国家重点实验室。生命科学中很重要的部分是分子生物学，而分子生物学中一个很重要的研究内容就是蛋白质。现在人人都知道基因，5年前是基因的黄金时代，现在人类的基因组解出来以后，蛋白质科学又进入了另一个黄金时代，应该说21世纪对一切生命活动规律的阐明不光要在蛋白质分子的水平上，特别应该是在生物大分子机器的水平上揭示生命的奥秘。

继承和积累是创新的前提。

要创新，首先要有继承和积累。我们这些人都是热爱科学的，如果你只是为生计的话，千万别到科学这个领域来，因为你会觉得很苦。我们这些人的生活是比较简单的，早上8点多钟到晚上10点多钟基本上就是在实验室，没有星期六也没有星期天，很少有节假日。没有人强迫你这样做，但大家好像都是这样的。只有热爱科学的人才会这样做下来，一辈子。科研工作是一个高强度的脑力劳动，“高强度的脑力劳动”这句话最早是在大学时代听到的，我和华罗庚先生的儿子是同班同学，他说他父亲常说，数学是一个高强度的脑力劳动。我以前不大体会，现在越来越意识到作研究真是一个高强度的脑力劳动，问题想不到一定的深度或一定的高度常常等于什么也没想到。所以研究工作一定是一个创造性的劳动，不是简单的劳动。作基础研究的基本上是看论文的发表，当然不是以论文的数量充数，而需要在科学思想上有所创造，科学实践上有新的发现。科学研究往往也有高强度的体力劳动，不用说做野外考察的科学家，就是我们这些在1毫升Ependorf试管里做事的人也是经常楼上楼下跑，一天熬十几个小时，所以请大家一定要坚持锻炼身体，有强壮的体魄才能胜任高强度的脑力劳动。

当前浮躁情绪普遍，有的同学恨不得做几个月就可以发表论文，我觉得一定要戒掉浮躁情绪，要非常静心，非常艰苦地做一段时间。搞研究首先要创新，创新是最基本的，但创新的前提是继承，基础研究的文献调研非常重要，你才知道还要做什么。有的同学文献都没有看几篇，文献的精神没有吃透，文献里有什么重要的科学思想还没弄清楚，就要做实验是不能做好的。看文献是充分了解前人做了什么，有哪些没解决的问题，有哪些错的结论，你有什么不同的见解，你要怎么解决。其次，要了解本实验室的工作背景。我现在是在邹承鲁先生的实验室。他到剑桥大学的时候，老师告诉他第一件事就是要了解这个实验室的背景。我第一次到美国国立卫生研究院的时候，也是叫我跟每一个实验员谈话，知道他们每个人在做什么。所以我现在也要求我的新学生到实验室后，先要看我们实验室的工作年报，和每一个老同学谈话，了解每个同学的研究细节，新的工作总是在原有工作基础上发展的，这样你才能在这个基础上做新的工作。我现在之所以能做出一点新的工作，就是因为我站在世界科学家的工作基础之上，特别是站在我们国家科学家的工作基础之上。

蛋白质二硫键异构酶既是酶又是分子伴侣假说的提出。

我稍微介绍一下我的工作，我工作的大领域是生物学，小一点是生物化学与分了生物学，再小一点就是蛋白质，更小一点就是蛋白质折叠，具体做的是帮助蛋白质折叠的生物大分子，有一个特殊的名字叫分子伴侣（molecular chaperones），还有一类叫折叠酶（foldases）。分子生物学的中心法则是指导分子生物学的基本原则，提出这个法则的不是生物学家，而是一位物理学家（Francis H. C. Crick），是提出DNA双螺旋结构的那位物理学家，他在1958年提出了分子生物学的中心法则，是指遗传信息在三大类生物大分子DNA、RNA和蛋白质之间的流动方向或传递规律。在那个时候与其说中心法则是一种准确的科学原理，不如说是一种强烈的科学信念。这个科学信念在以后分子生物学的发展过程中越来越成为多数人的坚定信念，因为它的正确性得到越来越多的实验证明，为越来越丰富的内容所充实、延伸、发展而变得越来越完善。一般认为信息从DNA到RNA再到蛋白质就为止了，不能再传出去了。但是在研究疯牛病的时候，发现疯牛病的病源蛋白质prion分子的“致病”信息可以再传递给另一个蛋白质分子而进行传染，就是蛋白质分子相互之间可以有信息传递。所以这不仅仅揭示了疯牛病的病因（蛋白质唯一论）的问题，也揭示了现代一系列构象病的病因的问题。另外很重要的就是对分子生物学的中心法则的发展和完善有重大贡献。我研究的问题是信息传递到了多肽链以后怎么传递到蛋白质，在此我画了一个大问号。蛋白质是有一定空间结构的，如果不是学生物的人，你一说蛋白质想到的可能就是牛奶和鸡蛋，可我一说到蛋白质想到的就是蛋白质的空间结构。蛋白质的肽链在空间是有特定的走向和结构的，每一个原子都有它特定的空间坐标。当然这种结构也是一个可运动的结构，不是刚性的。对蛋白质最重要的就是它的特定的空间结构和结构的运动性，运动性也十分重要，否则就不能和其他生物分子相互作用，也就没有活性了；而蛋白质的空间结构是由肽链的氨基酸的排列序列决定的。肽链的氨基酸的排列序列如何决定蛋白质的空间结构呢？肽链又如何折叠成由其列序列决定的空间结构呢？这件事情到现在为止还没有解决，我们就在进行这个科学问题的研究。

大家知道人工全合成牛胰岛素是中国科学家非常出色的一个有世界水平的创新工作。我自己的工作可以说正是源于这个40年前的成果。20世纪80年代以前蛋白质折叠的研究一直都是在“自组装”的概念指导下，就是有了一级序列，肽链便可自发折叠。80年代后期有人提出蛋白质的组装并不总是自组装，现在认识到在大多数情况下蛋白质正确折叠的完成是需要帮助的。用一个比较全面的观点看，一级结构决定高级结构，这是内因；而帮助组装，这是外因。一件事情要完成，首先要有本质性的内因，但如果没有必要的外因也不能完成，所以蛋白质的折叠称它为“有帮助的自组装”更全面一点。然而，谁来帮助呢？鉴定出来是一些蛋白，两大类，就是上面讲的分子伴侣，以及一类酶，酶是催化剂，大家都知道的。但是这两类蛋白根本的不同在于：分子伴侣是帮助非共价的过程，而酶是催化共价的过程，它们的机制是完全不同的。两大类蛋白，都帮助多肽链折叠成为有活性的功能蛋白。“Chaperon”这个词来源于西方文化，在西方文化中，少女成年以后她的家庭把她介绍到社交界前，要请一个非常有经验的女士教她各种礼仪，包括穿衣服、讲话、鞠躬、微笑等，知道应该怎么进入社交界，这位女士就是“chaperon”。这个词非常贴切又非常生动地被借鉴到科学领域来解释一个新的科学现象，非常有意思。催化和折叠直接有关系的反应的酶，我们把它叫做折叠酶，它是一类特殊的酶，其实只有两个，这里就不展开了。我这十几年集中做的一件事情，就是寻找证据支持和完善我们1993年提出的一个假说。其中一个折叠酶，即蛋白质二硫键异构酶，我们认为它不仅仅是酶，而且也是一个分子伴侣，就是说两大类帮助蛋白这个界限不是那么绝对的。前面提到的人工合成胰岛素，当时只有一个蛋白可以选作合成对象，因为只有一个蛋白是知道序列的，就是诺贝尔奖获得者Sanger在1955年解出序列的胰岛素，这个蛋白虽然小，但是非常有特点，这个特殊的结构给合成本身造成非常大的难题，特别是蛋白质折叠的难题。为什么呢？因为它由两条肽链组成，还含有三对二硫键，特别是有两对二硫键是在两条肽链之间。邹承鲁先生和他的年轻同事们解决了分开的A链和B链能重新重组成有活性的胰岛素分子以后确定了合成路线，即分别合成A链和B链，然后把两条链合起来。这个过程其实存在着一个非常重要的蛋白质折叠的问题。如果我们仅仅考虑一条A链和一条B链，它形成三对二硫键的可能性就是15种。因此获得天然胰岛素分子的成功率最多就是1/15。实际上在溶液中，不仅仅是A链和B链两条链能形成二硫键，任何两条链之间都可能形成二硫键，而且多条链之间也都可能形成二硫键，所以要得到在天然胰岛素分子中的那一种二硫键方式就是无穷分之一的概率，理论上你是拿不到这个的。但是为什么中国的科学家找到了一个条件可以拿到10%的产率呢。世界上生产胰岛素的三个最大的公司之一，美国的Eli Lilly利用大肠杆菌第一个用基因工程生产了人的胰岛素，也是先在大肠杆菌中分别生产出一个A链和一个B链，然后在体外把它们重组起来，这个重组所用的条件基本上就是中国科学家发现的。但是人工合成胰岛素真正的蛋白质折叠问题，即天然二硫键形成的基础理论问题，直到“文化大革命”结束以后才得以进行，我有幸参与了这个工作。那个时候我用蛋白质二硫键异构酶来促进生理条件下（人工全合成胰岛素时，A链和B链的重组恰恰是在非生理条件下）这两条链的相互作用和重组情况。正是在一系列前人和我们自己工作积累的基础上，我们后来才能提出蛋白质二硫键异构酶既是酶又是分子伴侣的假说。我们提出这个假说的论文投到*FASEB*杂志，这是一个非常好的杂志。但很快我们看到英国皇家学会一个杂志的文章，作者是分子伴侣概念的提出者，他在阐明分子伴侣的概念时强调蛋白质二硫键异构酶只是酶而不是分子伴侣。我们当时非常紧张，因为我们的假说和权威人士的观点似乎直接唱了对台戏，可以撤回文章，因为我们的文章还没有被接受；你也可以坚持。如果这个文章被接受，就意味着你开始要和别人争论这个问题。后来我们觉得自己有信心，因为从胰岛素合成走过来的这么一系列的科学研究的路上积累的研究使我们有信心去接受科学的挑战。我们没有撤回稿件，结果这个文章被接受发表。没有发表的时候很紧张，发表了也紧张，因为你要开始更实际的战斗，你要和别人较量了，这个较量就是你要提出足够的证据支持你这个假说。经过这么多年工作，其他实验室也做了很多的实验，这个酶的分子伴侣的功能应该说现在大家都认可，都接受了。打个通俗的比喻，原来大家都认为这个酶只有一只手只能做一件事情，但是我们发现它不仅可以做这一件事情，而且可以做另一件事情，所以它必然有两只手。我们设计了一个实验，让它只能做另一件事情，结果做成了，就证明它果真有两只手，果真可以做两件事情；而且在细胞中，它必然是用两只手同时做两件事情，这样建立了它发挥生物活性，执行生物学功能的新的较全面的模型。

我一再和我们的学生讲，你不要觉得你只是来向老师学习的，老师带你，你跟老师做。这个概念要弱化，你要继承，你要学习，更重要的是你要有创造性，你要有新的贡献。念研究生的都是优秀的学生，有独立工作的能力，不要依赖于师兄、师姐的帮助，不要依赖于老师的指导。你要有自己的见解，要自己发现文献中哪些东西不够，有哪些漏洞，你只是证明前人做的工作是不够的，你要解决前人没有解决的问题，你首先要发现前人做得不够的地方，然后再提出自己的想法，再用充实的科学的实践来证实你的想法，来补充前人，纠正前人，发展前人的工作。实际上很多的创造性工作，甚至诺贝尔奖获得者的主要工作常常就是在他们做学生的时候做的，所以同学们一定要有自信心，努力争取在读研究生时期就有好的想法，有独创的工作。

基础研究一定要参加“奥运会”，而且要获奖牌。

基础研究只有第一，没有第二，所以每一篇论文出去都必须有创新的东西，只是创新的内容有大有小、有多有少。现在我们的学生都不愿意发小文章，志向很高，影响因子2～3的都不愿意发了，要发就发到影响因子5以上的杂志（我所在学科的领域），做到这个是很不容易的。路甬祥院长一直说我们中国科学院应该是国家队，我觉得的确是这样，也应该是这样。既然是国家队，就必须参加奥运会。10多年以前，把研究论文发表到国际杂志上被有些人认为不爱国，说为什么不能在国内发表非要弄到外国杂志上去啊。那我说我们运动员为什么要参加奥运会啊，在家里不一样跑、一样跳啊。基础研究本来就是世界性的，我觉得作基础研究的科学家就是要参加科学的奥运会，这个奥运会就是国际杂志、国际会议。现在中国科学家参加国际会议的不太多，被邀请报告的人也不太多，特别是邀请做大会报告的人更少。所以我希望同学们更多的成为invited speaker、plenary speaker。我们的论文之所以必须投国际杂志，是因为我们的研究成果必须得到国际同行的鉴定，才能被国际科学界认定。好比运动员只有到有国际裁判的地方去比赛，人家才会认你的纪录。因此中国科学家的科学论文要到国际杂志上发表，让国际的同行评价你的成果，这样你才能在世界上占据应有的地位。这个地位还有一个重要的指标：是在一段时间内有没有人引用你的文章，对你文章的评价是什么，特别是正面的引用和正面的评价，这样才说明你的文章的价值。如果一篇文章发表了以后没有人引用，除非是这个时代的科学家都不能理解你的超前思想，否则说明你的文章还不能引起人家的兴趣，或者你还没有得到别人的认可。另外就是有人邀请你做报告，特别是国际大会邀请你做报告，这个也说明人家已经知道中国有这么一个人，他在这方面做得比较好，才来请你做报告。再就是人家邀请你写综述，表明你在这方面已经有相当的积累了。国内有些杂志的所谓综述有这样的情况，研究生进实验室，老师给他一个题目说你做一个文献调研，他就念了几篇文章，写了一篇报告，居然作为综述文章投到杂志上去了。可想而知，那时他还没有做实验，对科学问题的理解还很不够，而且英文也不够好，经常理解不对，翻译也不确切。这种做法是很不合适的，一定要避免。国内出版的各种杂志的综述文章，一定要请国内或是国外，至少在这个领域中有一定工作积累的人来写。另外在国际组织中担任一些责任的领导工作，也能说明你是被认可的科学家。所以我认为基础研究一定要参加奥运会，而且要得到奖牌。十几年前在许多人不理解、不认识这个问题的时候，我们提倡在SCI收录的杂志上发表论文是完全正确的。SCI的文章影响因子可以从零点零几，到几十，这个差别大的不得了。慢慢地越来越多的人认识到了，又及时提出要重视文章质量，质高于量，现在大家普遍都认识到了，的确可以淡化SCI，不要浮躁，要安安心心、踏踏实实地做一些好的研究。评价一个人不是看他发表了多少篇文章，而是看他有过什么实质性的科学贡献。如果你有20篇文章在本领域的重要杂志上发表，大概算是较好的水平了。比如100米跑步，你基本上都跑在15秒左右，你就是15秒的水平，人家跑出过10秒，那人家就是10秒的水平。所以我觉得我们要抓住科学的问题，对科学的问题有真正的解决，就是要体现在质量上。现在中国科学家在高质量的杂志发表的文章是越来越多了。最近有一个统计，中国发表 SCI 的论文数已经大幅度的提高，原来是二十几位，现在已经提高到十几位。但是我们的质量呢，就是在高水平的杂志上、引用率都还没有突破性的提高。这个对我们来说是一个警钟，所以特别要强调质高于量。当前有些单位片面追求 SCI 数量的做法是很错误的，不仅浪费资源，有碍科学发展，对学生则是误人子弟，必须及时纠正。但话说回来，没有十几年前提倡在 SCI 收录的杂志上发表论文，为创造今天的好局面奠定基础，没有以往数量的积累也没有今天的质量，不能因为执行的片面而否定历史的功绩，但关键在于我们现在必须进一步强调质量。

刘振兴，男，空间物理学家，中国科学院院士。1929 年出生，山东昌乐人。1955 年毕业于南京大学气象系，1961 年获中国科学院地球物理所副博士学位。现为中国科学院空间科学与应用研究中心研究员、博导、中国 Cluster 数据和研究中心主任，中国地球空间双星探测计划首席科学家，国际地磁和高空物理协会（IAGA）中国委员会主席等职。

长期从事空间物理研究，在地球辐射理论、太阳风湍流结构、木星磁层磁盘模式、极光区粒子加速、磁层亚暴过程和磁场重联理论研究方面做出了一些重要的成果。他提出的木星磁盘模式被认为是主要的木星磁盘模式之一。他首次提出流体涡旋诱发磁场重联的新机制，建立了涡旋涡发重联理论（VIR），被国际同行专家认为是当前主要的三个瞬时重联模型之一。由于他在空间物理不同领域做出的突出贡献，2000 年 7 月他被国际空间研究委员会（COSPAR）授予国际上的 Vikram Sarabhai 奖。曾获国家级奖 5 项、省部级奖 3 项。

刘振兴院士于 1997 年提出了“地球空间双星探测计划”（简称双星计划），任首席科学家。欧洲空间局主动提出与中国双星计划进行合作。双星计划的赤道区卫星于 2003 年 12 月发射，极区卫星于 2004 年 7 月发射。

报告时间：2005 年 6 月 3 日

报告地点：哈尔滨工业大学

1955 年 9 月我从南京大学气象系毕业后，被分配到中国科学院地球物理研究所任实习研究员。当时国家提出了“向科学进军”的口号，同时又颁布了副博士学位制度，使我受到了很大的鼓舞。1956 年 10 月通过全国副博士统考后，1957 年 3 月我被录取为中国科学院地球物理研究所所长、学部委员赵九章教授的副博士研究生，学制为 4 年，于是我成为新中国成立后赵先生招收的第一个研究生。从此，我遇到了一位对我一生产生重要影响的恩师。

赵九章教授是我国著名的气象学家，我国卫星事业的倡导者，我国空间物理的奠基者，我国两弹一星功勋奖章的获奖者，我国第一批学部委员（院士）。下面概要地谈一下我的导师赵九章先生培养研究生的方式，及其对我以后的学习和科研工作产生的重要影响。

研究生要打好基础，就像打井和盖房一样，基础不牢，井就挖不深，房就盖不高。

1957 年 4 月中旬，我被通知到赵先生的办公室谈话，主要内容是谈我的研究生学习和研究计划。开始我认为这次谈话主要是他向我谈研究生学习方面的事，但却好像是对我的一次面试。首先，问了我一连串的问题：你来所后做了哪些工作？为什么想做副博士研究生？对研究生的学习和研究工作有哪些想法？你想研究什么科学问题？等等。当我回答了他一系列问题后，赵先生和蔼地说：科学研究最重要的是一个“新”字，每研究一个问题，都要求比前人的工作有所前进。做研究工作须要先看有关的文献。在看文献时，不但对前人的工作有较深入地了解，更重要的是要自己进行思考，找出过去工作中存在的局限性和问题，不要一味地崇拜权威。

在谈到如何选论文题目时，赵先生说：在以后做论文时，我希望主要是由你自己先提出选题的想法，然后我再谈我的看法，主要是给你把把关，看看这个题目是否有发展前景，有无科学价值和应用价值。他说：研究生很重要的一点，就是要打好基础，就像打井和盖房一样，井口不大，井就挖不深，地基不牢，房就盖不高。为了打好我的数理基础，他让我到清华大学去听郭永怀先生的流体力学课，让我认真学习卡普曼著的《非均匀气体数学物理方法》一书，这对以后的科研工作很有帮助。

赵先生在研究生培养中很重视相互议论和交流，不单是导师和研究生之间的讨论，也强调与周围的同事进行讨论。赵先生说：通过讨论，各抒己见，可以相互启发，开阔思路，不要怕提出的意见是否对，即使不对，也没关系，对和错是相对的，有了错的想法，可能会引出对的想法。他曾举过一个例子，说明共同讨论和大胆提出想法的重要性，他说：过去欧洲有一个科研组，每周都开一次茶话会。有一位著名学者，他善于大胆提出新想法，提出五个想法，如有三个想法是正确的，就了不起，就能有新的发展。因此，大家都喜欢与他进行讨论。赵先生的这一指导思想，在我以后的科学研究中产生了重要的影响。

总的来说，在赵先生的指导下，在科学思想、研究方法、三严学风和科学道德等方面，奠定了我一生科学研究的基础，赵先生是我一生学习的榜样。在我读研究生期间和以后的科研和培养研究生工作中，我都尽量遵循赵九章先生所教导的要求。

我在大学是学气象专业的，但却成为一位空间物理学家，这是我未曾想到的。半个世纪以来，由于科研工作和国家的需要，我的研究领域不断地在改变和扩展，从近地层大气物理（离地面 200～300 米）→高层大气物理→磁层物理→行星际物理→木星磁层。初看起来，我的研究领域变化很大，有些同志问我，不断地改变研究方向，对您的科学研究深度是否会有影响。我的体会是屡次专业和研究方向的变化，并未影响自己研究工作的深入，而且拓宽了科学视野，提高了科学思维能力，扩大了交叉学科研究的空间，为对某一领域进行深入研究创造了有利的条件。下面结合自己亲身经历，从三个案例谈一下自己的体验。

对我国西北风沙问题的考察研究，拓宽了科学视野。

这项研究是我在副博士研究生期间进行的。1957～1958 年初，当时我正在进行近地层大气湍流结构特性的研究，因最初定的学位论文题目就是近地层大气湍流结构特性。1958 年 5 月中国科学院组织了一个我国西北固沙考察队，包括生物组、土壤组、地理组和气象组。赵先生对我说：你现在正在研究近地层大气湍流，应该参加固沙考察队，实地了解一下沙的运动情况。这次固沙考察队有 20 多人，还有一位苏联专家。大家分别坐在两辆大卡车上，所有行李都放在车上，路线是从北京出发经内蒙古到甘肃。先是沿途进行路线考察，每天早起，晚上找个地方住宿，由于道路崎岖不平，颠簸很厉害，十分艰苦。这是我第一次看到我国西北的大沙漠。一望无际的沙漠和小山岭一样的沙丘。当有大风时，沙粒飞起，天昏地暗，农田被掩盖，部分铁路被沙阻塞。看到这种情景，使我深刻认识到我国西北治沙的重要和必要。

路线考察后，下一步的任务是定点考察，我被分到中国科学院宁夏中卫沙坡头固沙站。这个站已积累了几年的风沙观测资料。看了这些资料后，我认识到，风沙问题的研究与近地层湍流有密切关系。我用资料分析和理论相结合的方法，研究了沙的传输过程和不同风力和方向情况下沙丘的运动规律。在不到两个月的时间内初步写出了两篇论文。题目是《我国西北风沙问题的研究》，一是沙的传输过程；二是不同风力作用下沙丘移动的规律性。回所后，我将这两篇论文交给赵先生审阅，看过后他说不错，有观测数据，又有理论研究。由赵先生推荐，在当时的《科学记录》刊物上发表。这是我们第一次对我国西北的风沙问题进行观测和理论相结合的研究，对当时的固沙工作有一定的帮助。现在看来，当时我的这项研究对现在所说的沙尘暴有密切联系。通过这次参加固沙队的实地考察和与其相结合的科学研究，使我开始认识到了我国西北固沙工程对我国经济和社会发展（包括农业、工业、交通等）的重要性和重大意义；同时科学考察、实地观察与理论研究密切配合，对一个青年科技工作者来说是十分重要的。

通过对涡旋诱发磁场重联理论的形成过程的研究提高了思维能力。

首先谈一下什么是磁场重联？形象地说，磁场重联是两个磁场方向相反的等离子体区，开始时两个区域的磁力线是分开的，不发生联系，由于某些复杂的物理过程，使两个区域的磁力线突然连接起来。这种现象称为磁场重联。重联过程中会发生一系列的物理过程，如能量转化、释放、粒子加速和加热及产生高速流等。磁场重联是空间物理、空间等离子体和受控热核聚变装置等离子体中的一个非常重要的基本物理现象。磁场重联对太阳耀斑和日冕物质抛射的爆发、太阳风向磁层中的传输过程、地球和行星磁层亚暴过程起着重要作用，是当前空间物理和空间等离子体物理中的最具有挑战性前沿科学问题。

涡旋诱发重联理论的科学依据和思路。首先，认真地分析了以往几种重联模型存在的问题和局限性。过去磁场重联模型（如 Sweet-Parker 模型，Petschet 模型，Sonnerp-Ysh-Asford 模型，多 X 射线瞬时模型）认为，两个磁场相反的等离子体区在两边垂直流推动下，两个区域被向内压缩，最后在存在反常电阻的扩散区产生磁场重联。这种过程在磁尾电流片区是会出现的。但在大部分磁层顶边界层区（包括低纬边界层、极隙区、高纬边界层等），流场基本上是与磁力线平行。因而，在这些区域，上述模型的条件与实际情况就不符合。其次，在磁层顶边界层区存在着较强的速度剪切，这会形成流体涡旋。将动力气象学中的一些物理现象，与磁场重联联系起来进行思考，从中得到新的启示，例如，大气中的切变线、低涡、台风形成及其运动等，因这些中、小尺度过程，会造成局部灾害性天气。经上述的认真思考和交叉的研究，首次提出了流体涡旋诱发磁场重联的新机制，建立了一个新的磁场重联理论，为研究磁场重联开辟了一条新的途径。

涡旋诱发磁场重联理论的主要论点和创新点。主要论点是涡旋诱发磁场重联（VIR）的物理图像可概括为：在同时存在着流场切变和磁场切变的等离子体区，由于 K-H 不稳定性的发展，首先形成流体涡旋，由于液体涡旋对磁场的扭曲作用，使磁层磁力线变形、打结，最后产生磁场重联并形成磁涡旋。主要创新点：首次提出液体涡旋磁场重联的新机制；提出磁流体涡旋管的新概念，在磁流体涡旋管中存在着场向电流和阿尔文波；提出新的涡旋-撕裂模不稳定性，这种不稳定性可激发速的磁场重联；提出了涡旋诱发磁场重联通量传输事件（FIE）模型，能解释 FIE 的观测现象。在可压缩等离子体中，发现在 VIR 过程中可产生不同类型的激波。

双星探测计划（简称双星计划）的实施，使我国空间探测技术迈上了新台阶。

双星计划包括两颗卫星：近地赤道区卫星（近地点 550 千米，远地点 79 000 千米，倾角 90°）；极区卫星（近地点 700 千米，远地点 40 000 千米，倾角 90°），这两颗卫星运行于目前国际日地物理计划（ISTP）在地球空间运行的卫星覆盖不了的近地磁层重要活动区。这两颗卫星密切配合，形成了具有创新特色、独成体系的星座式探测系统。双星计划与欧洲空间局 Cluster 4 颗卫星密切配合，首次形成了地球空间的“六点探测”。

双星计划是怎样提出的。20 世纪 90 年代实施的国际日地物理计划（ISTP）在地球空间正在运行的几颗卫星，覆盖不了近地磁层的重要活动区。因此，我在双星的轨道设计中，将双星计划两颗卫星的轨道运行于磁层空间暴的重要活动区。这引起了欧洲空间局的很大关注，欧洲空间局主动提出与中国双星计划开展合作，这也是一次很好的机遇。它将有力地推动我国空间物理研究的迅速发展；保障航天活动安全、提高通信性能和导航定位精度；提高我国空间探测技术，包括卫星、火箭、地面接收技术；推动国际合作发展和提高我国在国际空间界地位。

双星计划的重要目标。双星计划的科学目标是探测近地磁层重要活动区场和粒子的时空变化规律，研究磁层空间暴（包括磁层亚暴、磁暴和磁层粒子暴）的驱动和触发机制；建立符合实际的磁层空间暴的物理模型和物理预报模型；推动磁层物理研究跨越式发展。双星计划的应用目标是为保证航天活动安全、提高通信、导航和定位精度提供科学数据、科学依据和防护对策；推动空间探测技术（包括卫星、火箭和地面接收系统等）的跨越发展。国际合作目标：提高国际合作的范围和层次，提高我国在国际空间界的地位和影响。

双星计划的创新点。双星计划是我国第一次以自己提出的探测计划开展国际合作的重大空间探测项目，主要创新点：科学目标瞄准了当前地球空间最具有挑战性的关键科学问题，首次将地球空间爆发事件概括为地球空间暴，包括磁层亚暴、磁暴、磁层粒子暴、电离层暴和热层暴，前三者又被称为磁层空间暴；双星轨道具有创新特色，可探测目前国际日地物理计划（ISTP）在地球空间正运行的卫星所不能覆盖的重要磁层活动区，双星与 Cluster 的 4 颗卫星密切配合，首次形成了地球空间的“六点探测”。双星上探测仪器先进，双星与

Cluster相配合，可获得多空间层次和多时空尺度（包括大、中、小尺度）的高水平的科学数据。

双星计划取得了高效益。双星计划的赤道区卫星于2003年12月30日在西昌卫星发射中心成功地发射，极区卫星于2004年7月在太原卫星发射中心圆满地发射成功，现各系统的工作运行正常，大大提高了我国空间探测的技术水平：显著提高了卫星的磁洁静技术和卫星表面等电位技术；提高了火箭上面级固体发动机技术和发射卫星的轨道精度；提高了我国科学探测仪器研究的水平；提高了科学数据系统的有关科学和技术水平。获得了Cluster先进科学数据：现TC-1卫星已获得了一级数据约133Gb、TC-2卫星已获得一级数据约109Gb。通过双星与Cluster的合作，获得了Cluster四颗卫星上42台仪器的大量先进科学数据，并取得与Cluster相配合的地面观测数据。培养了一支年轻的科学和技术队伍。

现双星计划已成为21世纪初在国际空间界有影响的地球空间探测计划，已实现了首次形成的“六点探测”，推动了我国空间探测的跨越式发展，使我国的空间探测技术迈上了一个新的台阶。

选题必须结合国家的重大需求，从重大任务中聚集出关键的前沿科学问题。

下面我概要地谈一下我的几点体会。我在读副博士研究生阶段，我的导师赵九章先生非常重视我自己选取题目的能力。通过这一阶段的培养，以后我的研究题目都是我自己确定的（包括研究论文题目和申请各种项目的题目）。在科研工作中选题是非常重要的。题目选好了，就等于成功的一半，事半功倍，就能获得创新的成果。如题目选不好，就是事倍功半，费了很大力量，却很难取得创新成果。从我个人来说，选取好的研究题目的要点：对所研究领域的研究现状、存在的主要问题和今后的发展趋势要有全面和系统的了解；切记不要选

"硬骨头"的题目，这样的题目既困难、又做不出创新结果。要选具有发展空间和发展前景的题目，只要突破一个聚集点，就能推动一片问题的进展；要结合国家的重大需求，从重大任务中聚集出关键的前沿科学问题。我在确定双星计划的科学目标时，就有这方面的指导思想。

通过几十年的科研工作实践，我觉得知识面的广度，决定研究的深度；不同学科的概念和方法的交叉，是创新研究的一个重要前提；抓住有利的机遇和力求创新，是科学研究和事业发展的重要条件；通过国际竞争是推动跨越发展的一条重要途径。通过双星计划开展国际合作的过程，我们总结出了一条经验，要走"互利互惠、优势互补、强强联合"的路线。

14 没有快乐不可能有创新

朱日祥，男，中国科学院院士，第三世界科学院院士。1978年毕业于山西大学物理系，1984年在中国科学院地球物理研究所获硕士学位，1989年在中国科学院地质研究所获博士学位。现任中国科学院地质与地球物理研究所研究员、副所长；中国地球物理学会秘书长；国务院学位委员会学科评审组成员。

长期从事地球物理学基础理论和实验研究。在极性转换期间地磁场形态学、地质时期地磁场古强度变化与地球深部过程的相关性以及沉积盆地古地磁定年等领域取得了系统性、创新性的成果。在国内开辟了地质时期地磁场古强度研究新领域，论证了地磁极性倒转频率与地磁场强度呈负相关性，将古地磁学的研究范畴拓展到认识地球内部过程。主持创建了集成岩石磁学、古地磁学、地磁场古强度和年代学研究的综合实验室，开拓了新的实验技术和方法，该实验室已成为岩石磁学与古地磁学领域国内外研究中心之一，提升了我国该研究领域在国际上的地位和影响。

在国内外学术刊物发表论文190篇，其中130篇被SCI收录；被SCI引用1000余次。1994年获首届国家自然科学基金杰出青年基金、曾获中国科学院青年科学家一等奖、中国青年科学家奖、中国科学院自然科学奖一等奖（排名第一）、何梁何利基金科学与技术进步奖、第三世界科学院地球科学奖、中国科学院首届“百人计划”优秀科研团队称号、国家自然科学基金委员会“创新研究群体”学术带头人。

报告时间：2005 年 6 月 3 日

报告地点：哈尔滨工业大学

我很高兴能和哈尔滨工业大学及分院的同学在一起交流，在哈尔滨工业大学 85 周年校庆之际，我祝愿哈尔滨工业大学成为我们青年学子和科学工作者向往的圣地。

下面我从三个方面来介绍我的报告。

充满活力的地球。

地球是个富于生命力的星球，它以各种各样的形式释放着内部的活力。地震波就如一盏明灯，照亮了地球的内部；地磁场就如神秘的使者，等待我们去认识。我大学是学理论物理的，渴望探索地球秘密的好奇心使我走向地球科学。20 世纪初德国气象学家魏格纳提出的大陆漂移学说，直到 20 世纪 50 年代，才被海洋地球物理探测和古地磁学研究成果证实。地球有火山、地震和板块漂移等多种活动，可见地球确实是个很活跃的星球。它为什么如此活跃？它的内部究竟是怎么样的？通过对地震波的研究，今天我们已经知道地球是由地壳、地幔和地核组成。但我们对地球内部的动力学过程了解实在太少。认识地球内部所发生的自然现象比认识太空更不容易。现在，我们可以上天；而入地的最深记录只不过是 12.5 公里，距离地球 6400 公里的半径差得还很远。

探索地磁场的奥妙

为什么地球充满了活力，而月球就不是这样？一个重要的原因是地球有个液态的外核，这个液态外核流体的运动产生了地磁场。地球的磁场就如同空气一样，但是我们很少有人能说清楚它对我们的影响，这也是磁场最富魅力的地方之一。我从学理论物理转到研究地球科学，可以说地磁学给了我很大的吸引力。我们中华民族引以为豪的，也是中国四大发明之一的指南针，就很好地利用了地磁学；我们中国人对地磁学的观测也是比较早的，据记载大概有1200年的历史。

近代地磁学的研究应该说始于欧洲，英国水利学家Normam（1576）和天文学家H. Gellibrand（1634）先后发现了地磁倾角和偏角随时间变化的特征。在Normam之前，西方人认为地磁是上帝赋予人间的神灵，它位于地球的两极。根据Normam的发现，英国人W. Gilbert对地磁场进行了较系统的观测，他发现地磁倾角是随地理纬度变化的。据此，他提出地球本身就是一个磁化的球体，这是根据观测结果对地磁成因做出的第一次唯物主义的假定，即将地磁成因从神学转变为起源于地球本体。Gilbert（1600）发表的《地磁学》一书是人类继发现地球是个球体之后对我们居住的星球最重要的认识，它比牛顿的引力定律早87年。随后，德国数学家C. Gauss（1838）发表了《地磁学概论》一书，第一次用数学的方法对地磁场进行了描述。

大家可以想象，对地磁场的科学观测只有1200年的历史，而我们的地球已经有45亿年的历史。那么，地磁场是不是与地球同龄？它又是如何起源和演化的？显然，仅靠1200年的观测记录是无法回答这样的问题。出路在哪里？出路就在于大陆岩石的剩磁记录了它形成时地磁场的信息，问题是我们如何从古老的岩石微弱的剩磁中获得地磁场的信息？人类对这一问题进行了不断地探索，也在不断地取得进展。David（1904）首先研究了火山熔岩流及其烘烤层的剩余磁性，发现了一些熔岩流的剩磁方向与地磁场方向相反，但他认为可能是这些熔岩流中的磁性矿物具有自反向的性质。Brunhes（1906）从火山熔岩流的剩余磁性也发现了同样的现象，但他认为熔岩流剩磁矢量与地磁场方向相反是由于地磁极性在地质历史时期曾发生过倒转。Matuyama（1929）通过研究中国东北和日本火山岩剩余磁性发现，就近1～2Ma（百万年）以来的火山岩而言，剩磁矢量与地磁场方向相反的岩石总是比与地磁场方向相同的岩石要老，据此他提出了最近的一次地磁倒转发生在早更新世的中期。我们现在对170百万年以来的地磁场变化特征已经有了较深入的认识。由此可见，地层中记录了无穷无尽的故事，这些故事是真实的，但记录故事的“文字”是深奥的；越是深奥不易读，就越吸引人。这也是很多人投身于地学研究的一个重要因素：接触大自然，会使人感到无穷无尽的快乐。

我认为快乐、兴趣和不断的探索是科学研究最重要的动力。如果一个人不认为科学研究是快乐的事，那就很难坚持下去，也就谈不到创新。例如我所从事的地球科学研究，需要经常进行野外考察。通常我们每天早上8点起床上山，晚上很晚才回来，满身的泥土，宾馆经常不愿意接待我们这样的人。人家担心这样一身装束的客人会付不起住宿费。面对野外工作的艰辛和他人的冷眼，如果缺乏对地球科学的兴趣和探索未知的吸引力，很多人可能马上就会和地球科学研究说再见了。我喜欢地球科学，因为可以在研究中不断发现问题、解决问题。也有人问我，你都当上院士了，为什么还一天从早到晚待在实验室里？我真的不能理解这样的问题，好像一个人从事科学研究的目的就是当院士，若果真如此，那真是太悲哀了。探索未知是我人生的最大乐趣，在探索未知的过程中，每一点点的发现，都给予我无穷无尽的快乐。

创新是科学研究之精髓。

那么，我们面对的问题是如何才能有所发现？中国有句古话：工欲善其事，必先利其器。对于科研工作者来说，就是要有先进的实验研究手段。20世纪80年代初，我国地球科学的实验仪器基本靠进口。大家可想而知，人家做好的工具，还能给我们留下多少创新的空间?对于从事基础研究的科学家来说，不引进先进设备不行，但完全依靠商业化的仪器是很难取得原创性的成果。另一方面，就完全从跟踪的角度来看，在20世纪80年代，国内连很多基本的实验条件也不能满足，只能到国外去做。我感受最深的就是初次走出国门的时候，人家实验室里很多设备都是我从未见过的。我将大部分时间用于做一些以前只在书本上读过的实验；很少有时间去思考实验与理论等相关问题。不是我不愿意思考，而是实在没有时间。每天从早到晚都在忙于做实验，因为离开了这个实验室，自己想做的实验就无法实现了。在那个时候，中国的地学大概就是这么个状况。几次这样的出国经历，确实使我有一些伤感。我渴望和立志在自己的祖国建立一个实验室，能够做别人能做和不能做的实验。经过十几年的努力，我们建立了这样的实验平台。现在每年至少有1/3的时间，是一些国外科学家来我们实验室做实验，因为我们实验室已经成为古地磁学与年代学领域国际化的研究中心之一。这样一个实验室的建立，有赖于我们国家的进步，也有赖于中国科学院的支持。这是我的前辈想做而做不到的，因为那时国家的条件和国力不允许。尽管我在国际刊物上发表了一些文章，也得到了国内外同行的关注与好评，但这并不是我最自豪的地方；在自己祖国建成了让外国人羡慕的实验平台，才是我最欣慰的，它给我的快乐是任何东西都无法比拟的。

谁都希望做出一点原始创新的工作，但这不容易。怎么才可以有所突破？我认为最重要的是我们要有创新意识。只要我们有不懈的奋斗精神，就一定能在自己祖国的土地上做出创新的成果。中国人不缺智慧，缺的是创新的勇气。提出一个新的概念是件不容易的事，这需要一个人的勇气，需要理性地面对权威的理论。大家知道，爱因斯坦写作他最著名的5篇文章时，他没有在任何一个大学、任何一个科研机构拥有任何职位，而仅仅是专利局里最普通的职员；就是这个最普通的职员，改变了整个20世纪的科学。要切记，他达到这样的高度，需要理性的指引；科学创新需要提高勇气，但一定是在理性思考和理性指引基础之上的勇气。

最后，有几点建议送给想从事科学研究的学生们。首先，不管我们想成为什么“家”，做好人是第一位的。人人都要在实践中去陶冶自己，做一个高尚的人。其次，我们一定要对自己的研究领域感兴趣，如果对自己的研究领域缺乏兴趣，不管我们正在从事什么的研究，即使是眼下最热门的专业，也应该尽早转行。科学研究和体力劳动是不一样的，今天有一些砖要你搬到楼上，只要你把它搬上楼，你愿意与不愿意，结果都是一样的；可是科学研究是对自然规律的探索和领悟，没有兴趣是做不好的。另外，科学技术发展到今天，个人的力量变得越来越渺小，要想有所建树，每个人都必须具备良好的团队精神，这也是非常重要的。

15 会猜 会做

白以龙，男，固体力学家，中国科学院院士，欧洲科学院院士，中国科学院力学研究所研究员。1940 年出生，云南省祥云县人。1963 年毕业于中国科学技术大学力学系，1966 年中国科学院力学研究所研究生毕业，1993～1999 年任非线性力学国家重点实验室主任；1987 年 12 月～1994 年 4 月任力学研究所副所长。中国人民政治协商会议第十届全国委员会委员。

他主要从事爆炸力学和非线性介质力学的研究。20 世纪 80 年代初，突破当时国际惯用的最大应力经验的描述，建立了热塑剪切模型方程及变形局部化演化的一系列新结论，被国际一些著名实验室证实和文献引用，一些文献称其为“白模型”、“白判据”。根据变形局部化的分析，提出延性极限的不稳定性机制，阐明了长期未能解释的变形极限图。针对真实材料受载产生大量微损伤的问题，建立了亚微秒应力脉冲技术，提出了统计细观损伤力学和演化诱致突变的理论。

他曾获国家自然科学基金二等奖、中国科学院自然科学奖一等奖、何梁何利基金科学与技术进步奖、周培源力学奖、北京市科技进步奖二等奖等。

报告时间：2005 年 9 月 8 日

报告地点：中国科学院研究生院中关村园区

各位同学，我到这儿来很高兴，因为40年前我跟大家一样，进入中国科学院做研究生，当时心里很兴奋，也有点发毛，不知道我能干什么。听师兄们讲了这么一句话：从研究方法上来说，你要既会猜又会做，将来就能做出一些国家很需要，又很像样的科学工作。如果你只会猜不会做，那就怎么怎么样了；如果你只会做不会猜了，又会怎么怎么样了；当时心里就盘算我属于哪一类型。从大学生成为研究生，这确实是一个很大的变化，所以，从想法上就要有所区别。我今天与其说讲创新案例，不如说讲一讲我跟你们一样作为研究生的体会，跟大家交流。

研究生的任务

我先说一下研究生与本科生的区别。如果从任务上来讲，在大学里，老师是像韩愈说的“传道、授业、解惑”，也就是给学生讲道理、教知识、解疑惑，学生的任务是学习；但是进入研究生阶段就不是这样，你的任务主要是要作研究，你肩上的责任是要发现新的知识，不光是掌握老知识，而是要运用你学到的东西创造出新的东西，这是一个非常大的区别。这个区别造成了方法上也就不一样了。大家在大学阶段，通过老师的传道、授业、解惑，你们学习，然后你们去考试，考八九十分；但是进入研究的时候，在作研究上可能90%都是失败，那么你就要学会从失败中来学习，所以这跟大学是很不一样的，这是我自己的一点体会。

面对这样一些新的任务，要发现新的知识，我们该怎么办呢？这就是我所说的为什么要会猜会做。因为在大学里念书的时候，如果你瞎猜，老师会骂你，考试你怎么能猜呢？但是到了研究阶段，就既要会猜又要会做，因为对象、任务变了。发现新知识的研究工作，就不再是追随别人的知识，也不是追随热点，因为热点是会变的，要针对科学里面真正核心的问题和国家的重大需求，更不是仿制，如果是仿制的话，大家也不会到中国科学院来了。更不是做 paper machine，因为社会上比较浮躁，研究生炮制文章也可以毕业。但是你们到中国科学院来，就是希望你们真正踏踏实实地在发现新知识上走出一两步，或者几步。如果想这么走的话，你既要有战略性的想法，又要有好的科学素质，另一方面还要掌握一定的方法，其中会猜会做可能是带有一定普遍性的做法。

我到了中国科学院以后，一些老研究生就跟我讲一定要会猜会做，如果会猜会做了，本事就大了。中国科学院的老先生，他们既会做事情，又点子很多，会猜会做就能够有这样的视野。我记得一个老先生讲，只会做不会猜，是瞎写真算，你很用功，写了一张又一张的东西，但可能是没有方向地在地上乱爬行。但是如果只会猜不会做，可能表现出来的是一时聪明，最后会落得一场空。这两句话说得有点刻薄，但是我想还是比较实际的，就是说作科学研究要发现新知识，这两件事一定得掌握。除了研究生口头流传的这种描述以外，一些学问大家也都讲过类似的话。我先讲一个故事。

会猜会做的一则故事

先讲卡门涡街的故事。卡门是匈牙利的科学家，后来在美国工作，他也是钱学森先生的老师。他在很多方面有很大的成功，最后获得了美国国家科学勋章。卡门在他的回忆录里记载着一段事情，1911

年（在哥廷根），有一个博士生叫希门茨，做稳定水流中圆柱表面的压力测量，他测出的压力老是波动，因为希门茨想如果均匀的水流流过来，最后的信号一定是对称的，所以他觉得他的圆柱做得不光，或者水槽在晃。希门茨这个人非常认真，卡门是这么描述他的，他说希门茨以日耳曼人那股“傻劲”，将水槽精磨固定，但是圆柱总是在晃动，一天又一天，卡门每天去吃饭，就看到学生还在干，老是解决不了。到周末，卡门下决心探索为什么晃动的原因，这个学生想均匀的水流过一个对称的圆柱，上下一定是一样的，卡门想会不会上下不一样呢？这个时候在卡门的脑子里闪现另一幅图景，假设涡流从圆柱顶部和底部交替出现，那么两股涡流就会按一定的图案排列，测出来的东西就又是一个样子了。卡门有了这个猜想以后没有停下来，他自己做了认真的分析，然后又让学生按自己的想法来测量，那就是既要做力学和数学的分析，还要再做实验，他终于发现了卡门涡街。卡门涡街不再是一个对称的东西，后来我们实验室用激光片光源显示的一个涡街，大家看这个小点就是很小的圆柱，水流这么流过来，本来那个学生想流过来都是很对称平滑的，但实际上是上下交替的涡，而且尺寸非常大，这是一个完全新的认识。对称的东西变成一个不对称的，而且影响很大的一个东西，所以，这个图案被称为卡门涡街。它不但有重要的学术意义，也揭示一个流动的新现象。

到了1940年，享有当时世界单跨桥之王的塔科马大桥，被一阵不太强的风吹跨、坍塌。当时正好有一位记者把这个现象给拍下来了，大家可以从中看到，这座桥先是微微晃动，然后大幅度晃动起来，最后就垮了。这么晃动的原因是什么？经过仔细分析以后，发现造成桥这么晃动的原因就是卡门涡街，所以，大家看，从一个研究生做这件事情，到认识这个事情背后隐藏的新规律和知识，到最后对生产实践起的作用，经历了一个相当长的过程，在开始挖掘这个知识的时候，如果你脑子里的思维方法是既能够做，又能够猜，又能够猜又能够做，你就能够离新的知识更近。

当然，我不是说每个老师都有一套办法，一教你们，你们就都能发现新的知识了。你如果不直接学这套方法的话，也能达到这个程度，但是可能会走一些弯路。年轻人面对新问题，有他的优势，如果再掌握了方法的话优势就更加扩大了。

会猜会做的基本关系

如果说得通俗一点，大家在开题阶段就得把问题猜好，实际上就是对整个问题的一个预估，然后在这个前提下，研究生这两三年的时间，或者更长的时间，是一个既要不断地猜，又要更踏实做的过程。

其实猜和做的关系很多大学问家都讲过。比如胡适早年说过一句很有名的话叫："大胆假设、小心求证。"后来我记得我们念书的时候，胡适的这种说法是被批判的，怎么能大胆假设呢？所以我在中国科学技术大学读书的时候，当时郭沫若是我们的校长，他提了一个新的想法，叫"小心假设、大胆反证"。实际上重要的一点是你要假设、要猜，但是猜的分寸，他们两个掌握的不一样，一个是要大胆一些，一个是要小心一点，实际上看你对问题的把握，看问题的性质。但是不管怎么假设，你要进行求证，或者反证，来肯定或否定你的猜测。我们那个时候在大学学哲学，老师还教我们列宁的一句话："聪明的唯心主义比愚蠢的唯物主义，更接近聪明的唯物主义。"实际上就是讲你怎么把握猜测和最终把它证实，或者证伪的这么一个关系。这一点，很多大学问家都有体会，而且每人都有非常具体、非常深入的体会。我刚才讲的卡门只不过是一个例子。如果大家打开《院士思维》这本书的话，好多先生都讲过这种事。如果同学们在研究生阶段也逐渐形成自己的体会，我想会是非常有益的。

说到这儿，我讲第二个例子，这是一个非常有趣的关于敢想敢做的例子，这个例子是讲玻尔模型的。卡门那么大的本事，但是在这个问题上他栽了一个跟头。为什么氢原子的电子围绕核运行，不断放出能量却不会掉下来。当时卡门跟几个青年人都住在一块，认为这个问题中一定有新的知识、新的规律在里头。但不久发表了玻尔的模型，模型很简单，说到底，就是原子的辐射能量取决于轨道的跃迁。后来卡门回忆：“我也想到过轨道能级的假设，但是认为电子像行星一样，不会改变轨道。”所以他最后说：我一叶障目，不见泰山，懊悔得敲脑袋。也就是说猜和做的过程既要大胆，又要小心，既要努力证实，又要大胆证伪。这个火候要看你的本事，在这一点上，应该讲卡门输给了玻尔，当然他没有泄气，他后来继续在别的问题上努力，在航天事业上变成了世界级的科学家。所以，我第二个例子就是说，并不是这些大科学家一猜就准，这都是一个过程，要不断地训练。

会猜会做的基本法则。

下面我们试着总结一下，怎么能够猜得好又做得好。那个时候我进到所里以后，就仔细观察我的老师，他们到了实验室里、到了讨论会上，他们怎么提出一个问题，他们是怎么想的，后来又怎么反驳原来的想法，或怎么完善以前的想法，这个过程是什么样子的，为什么他们反应这么快？我怎么反应不过来？我自已感觉要猜得准，而且做得好的话，有两件事情非常重要，相当于必要条件，并不保证一定，但是如果没有这两条大概是不行的：第一条就是要熟悉掌握基础知识；第二条熟悉掌握思维方法。

那么怎么才能猜得准？年轻人是有很多特点的，比如在讨论会上发言，你就猜到了一点，但是只猜到一点，或者猜得似是而非，这样并不太难。真正猜得准，不是似是而非，而且做得对，最后能下科学结论，这就绝非易事。这里面的基础就是我刚才说的，要熟悉掌握基础知识和思维法则，不然的话，猜的可能就是似是而非的，在某些基础知识上又会栽跟头，最后证明是非的。我想作为必要条件就是一定要熟练地掌握基础知识和思维方法。就掌握基础知识而言，我是搞力学的，以力学为例子，对于力学运动的刻画：速度、加速度等，这些概念要非常清楚；影响运动的力、力矩、动量、能量要有清楚的概念；它定性的图案是什么，它的量级是什么，要能区分。所以，你要注意很多科学家分析问题的时候，他对这些因素很清楚，一个新的现象来的时候，他马上利用这些概念把它区分了。总之，在实践中，我们必须熟悉地，以致下意识地来正确运用这些基本知识。你运用这些知识的时候，就会非常自然、非常迅速地反应过来，所以一定要非常熟练。举一个反例，北京有些新手司机，下意识动作就不对，该踩刹车，踩了油门了，出了很多事情。所以对这些知识里面的哪个环节是什么关系、什么功能，你要非常非常熟悉，这样才能帮你做到有准备地猜和准确地做。

会猜会做的基础是熟练掌握思维法则。第一，唯物辩证法的几条法则：对立统一规律、量变到质变规律、否定之否定规律等，这些是普遍性的思维法则，非常非常重要。你好像不知道它们具体在哪个科学问题上帮你做了研究，但是它在潜意识里支配你往那个方向走，而且一旦走进去以后很难回来，所以这些基础法则一定要掌握。第二，定量的概念非常重要。我在念大学的时候就吃这个亏，对学定律有兴趣，对做题目有兴趣。实际上你一定要有基本的量的认识，一是基本数量，二是相对数量，三是关键的数量界限。这些东西你要有概念，你有了这个概念以后，你不但从质上把握它了，你从量上也把握它了。我记得有一次，别人开玩笑，说学生考大学，爸爸妈妈帮他报名，实际上是要把三个数搞清楚：学校招多少人，北大、清华今年招多少人；录取百分比是多少；录取分数限在哪儿，这就是下意识在运用这个规律。

再有，像自然和工程科学和技术，还需要一些更具体的思维法则。比如我们经常用的量纲分析、量级分析，它们就帮助你把问题划分清楚。再往下才是具体设计实验，才是观察现象，才是用具体的定律、方程、公式，才是算法、整理数据等。一般研究生往往很快就进入这个阶段，而忽略上面几条。实际上回头看希门茨的例子，他这个阶段做得就很好，但前几个阶段就做得不好。下面我再举一个例子，比如说量纲分析，中学课本里就是讲单位。实际上这个东西有很大的用处，比如说黑洞的大小，大家知道这是近代天体物理力学里一个非常热门的东西。但是黑洞大小这么一个估计，在18世纪拉普拉斯已经做了，钱先生也做过推算，他们的推算都很简单，都不用相对论等。大家看，如果黑洞的质量是M（量纲为M），这里光速的量纲是长度除以时间，再一个是引力场作用，就这三个量，只能跟黑洞的大小组成一个无量纲数，所以黑洞的大小一定跟这个量成比例，非常漂亮的一个结果，基本概念全在里面了，所以你说他们是怎么猜出来的？因为，实际上他掌握了一些基本的思维法则、基本的知识和基本的量。这些东西在大学课本里，一般不太教，所以我就觉得到了研究生阶段，自己要有意识地跟老师来学。

按照对象的“质”和“量”去猜去做。

下面具体说一说，如果掌握了那些法则，怎么做好会猜会做。把刚才的话说得再具体一点，就是除了掌握熟练的基础知识和思维法则以外，要牢牢地把握实际对象的质和质的变化、特征量和量的界限。现在作科学研究一定要去粗取精，因为事物都是互相联系的，你必须用一把适合的“尺子”来“去粗取精”，生活中是用我们的眼睛，按我们身体来衡量周围的事件。但是现在研究的对象往往都是要借助“尺子”和“镜子”来观察的，如果随手就拿了一把“尺子”或“镜子”，就容易猜错了。而刚才黑洞的例子，用的是光传播和引力的两把尺，这两个东西从质上把黑洞现象定死。所以一定要找到合适的尺子，如果随便抓到一把，马上着急设计实验，马上着急做计算，不加思考，就容易出问题，这也是年轻人有闯劲和缺乏经验一对矛盾的体现。在去粗取精这个过程里面，你要扔掉一些东西，所以你一定要用合适的尺子和眼睛来看对象，这样你看到的才是想观察和想探寻的东西。量纲分析是教人们如何归类（找什么样子的尺子），量级分析则教人们如何比较（找多大的尺子）。

下面讲一个例子，就是抛体运动。林家翘从流体力学一直到天体，他脑子里针对什么对象，这个对象应该用什么尺子来看，他分辨得非常清楚。在抛物运动中涉及的三个量：地球半径、重力加速度和抛体初速。这三个量只有时间和空间两类尺子，但用多大的尺子却很有讲究。

那三个量，可以组成三个不同的时间标尺和跟这三个时间标尺相应的三个不同的空间标尺。这三对时空标尺分别对应在地面扔东西，把宇宙飞船"抛"到轨道上去，以及不存在的现象。所以大家看，对于这么简单的一个问题，都有怎么用正确的"尺子"和"显微镜"来看待东西的问题，如果用错标尺，你的结论就要出错。为什么我们不能像名家那样猜得准，做得透呢？原因往往是我们用错了尺子，或者是不合适的尺子。也就是说我们拿我们日常生活感觉的、你认为想当然的东西代替了你客观对象里面本质的那个东西。还有可能就是你没有熟练掌握基础知识和思维方法。再有就是没有认真积累定性的经验和重要的数据，这些都是非常重要的。最后这一点虽然不在方法之内，但是我希望同学们注意，否则很吃亏的。

空间的尺度大家容易理解。时间也有一个"标尺"的问题，另外从能量等其他各个方面都有不同的尺度。下面我先讲一个故事，故事说有两个学生向主祈祷，学生甲说："万能的造物主啊，我们过1000年，对你而言就像1分钟，造1000个愿望就像造1分钱一样。"学生乙说："太棒了，我向主祈祷，我只要1分钱。"甲接着说："那有用吗？主会对你说，请等1分钟吧！"大家可以看出，在钱的数量标尺上，在主那里和学生那里是不一样的，在时间标尺上也是不一样的。这是一个笑话，但在科学上也是一样的。《圣经》里面的一个女预言家叫Deborah，她说了一句话"山在上帝面前流动"，这话比西方的哲学家还要深刻，因为给了两个尺，人是看不见山在流动的，但是在上帝的眼睛里是能看见山在流动，这是时间尺度不一样。我讲这个例子是说，尺度不光说空间，空间有尺度，时间有尺度，钱也有一个尺度，你研究对象都有不同的尺度，所以你一定要把这个尺子把握好。

科学家定义一个 Deborah，就是把内部的松弛时间做分子，外界观察的特征时间用来做分母。实际上水的松弛时间是很短的，钢铁的松弛时间是非常长的。但是如果这个过程不是一个人的感受，而是一座大桥，它要运行百年，这样感受的话，这个时间尺度就变了。所以，一定要用你的客观对象看到的那个尺度。我们利用这个概念帮助我们解决什么问题呢？比如说，发现由击波引起的破坏，而这种破坏从宏观来讲，它既不是一个力的准则，又不是一个动量准则，也不是一个能量准则，当时国外非常疑惑，只好弄一些五花八门的办法来凑。实际上就是要找到合适的尺子，如果你抓住 Deborah 数的话就能抓住它的本质。

猜错了怎么办。

下面我再讲一下如果猜错怎么办？因为猜错是经常会发生的。当学生的时候猜错了非常懊恼，往往怀疑自己的能力，是不是我不够聪明，是不是我不适合搞科研。实际上我刚才说了，作研究跟学生不一样，大学里面大家都能考 90 分，但作研究就不是这样，猜错经常会发生，但是你一定要坚持不断地来猜来做。下面讲一个例子：DNA 模型，这个例子是很有启发性的，DNA 正确的模型是两条螺旋，是反向平行，主链在外，碱基在内配对，但是 Crick 和 Watson 在剑桥猜的时候，他们的模型完全是扭着的：磷酸集团在内……，当 Franklin 到剑桥来，批判了这个模型，弄得他们很扫兴，也挺没面子，他俩只好半地下式地来研究。但是他们俩足够的坚韧，互相启发，然后对照实验逐渐猜到 DNA 的正确结构，像他们两个做出了非常重大新知识突破的人，一开始也猜错了。我想这对于二三十岁的人是非常正常的一件事情，关键是你能不断地“猜”—“做”来循环。

勇于面对新的复杂问题。

复杂的现象往往包含多个尺度，必须恰当地交替使用不同的标尺。你们这一代做科研工作面临的难点会更多，过去往往碰见的都是两三个量之间的东西，现在你们碰见的更复杂了。只有更有效地运用以上这些知识和思维规则，而且是交替地使用不同的“显微镜”、“放大镜”来研究这些现象，才能抓住要研究对象的本质。即使对于力学这样的学科，也是比较经典的，但是也还有很多我们不能面对社会和工程解决的问题，比如地震，按说在本质上是一个力学问题，人家就说，如果我把地层里面的断层面和节理都告诉你，你能算得出来吗？我们不敢说。这说明我们没有把握它。再有，2003年“哥伦比亚号”航天飞机失事，它的左翼先被打了小裂纹，反馈到地面控制站问行不行，地面控制站经过论证，说没问题，回来就出事故了。说明还没有认识这里面的规律。再比如，那年长江发洪水，领导干部都提着马灯去查管涌，实际上管涌是很多的，到底哪个管涌能把堤给溃了？韩非曾经说过“千里之堤，溃于蚁穴”，韩愈又说了一句相反的话，“蚍蜉撼大树，可笑不自量”。作为古时的哲人和智慧者来讲，都是非常高明的。但是如果我们现在作为一个科学家还重复他的话就是笨蛋，因为你没有说明是哪种蚁穴、哪种管涌会造成溃堤，什么时候才溃堤。所以我们的先人很聪明，但我们不能停留在这里。把各种尺度的耦合，一直到工程的对象，把这些规律搞清楚，才能给出科学的论断，就是要运用正确的思维方法来找到里边的规律。

作为结束，给大家推荐两本书，一本是《科学研究的艺术》，这是英国的Beveridge写的，他是1961年写的，科学出版社1979年出版。他从怎样做准备工作，怎么做实验，怎样抓住机遇，怎么提假说，怎样发挥你的想象力，怎么运用你的知觉，怎样推理、观察，碰见困难怎么办，你应该采取什么战略战术，怎样做科学家，做了非常好的论述，这本书很值得大家看。第二本是《定性与半定量物理学》，作者是赵凯华，高等教育出版社出版。这本书帮你把定性的性质抓住，这里从对称角度来讲，一直到自然界的各个方面，从地球，一直到生物，连环境都涉及了，说明里面有共同的思维规律。读这两本书，大家会从中受益的。

16 面对新问题 要有新思路

陈锡康，男，1936年出生，浙江省镇海县人。1953～1957年于中国人民大学统计专业学习。1965～1967年于苏联列宁格勒大学经济数学方法专业学习（研究生）。曾连续三届担任国际投入产出协会理事，现任中国科学院数学与系统科学研究院研究员、中国投入产出学会名誉理事长、世界银行顾问。

他在国际上首先提出投入占用产出技术并成功地应用于全国粮食产量预测等领域。针对投入产出技术存在的问题，发展了新的投入占用产出技术，并在此基础上提出了一系列新的模型和计算方法，被美国科学院院士 Walter Isard、诺贝尔奖金获得者 Wassily Leontief 等评为“该领域的一项重要的发现与创新”。他利用此项技术进行全国粮食产量预测获得显著成绩，他提出的农作物产量预测方法——系统综合因素预测法，自1980年起连续25年成功预测了全国粮食产量，提前期为半年以上，平均误差为1.9%，为国家相关部门制定有关农业和粮食政策提供了科学依据，多次获得中央领导的肯定和好评。

陈锡康曾获首届中国科学院杰出科学技术成就奖（2003个人奖）、国际运筹学进展奖一等奖（1999）、两项中国科学院科学技术进步奖一等奖、三项国家科学技术进步奖三等奖等。出版著作24部，发表论文145篇。

报告时间：2005年9月8日

报告地点：中国科学院研究生院中关村园区

投入占用产出技术是我们在国际上首先提出的，以后我们利用这种技术进行全国粮食产量的预测研究。粮食产量预测这个问题是怎么提出的呢？1957年我大学毕业到中国科学院力学研究所工作，1959年中国科学院根据中央的指示，安排部分大学毕业生到农村下放锻炼，我被派到四川省资阳县进行为期1年的劳动锻炼。当时是“大跃进”时代，农村的粮食非常紧缺，可能很多同学都不知道，那时候农村中家家户户自己都不开火，烧饭的锅都炼钢了，大家都到食堂里去吃饭。1959～1961年中国粮食歉收，全国大面积饥荒。生产队食堂常面临“断炊”的危险。社员常说：“能吃饱饭就是共产主义了。”我们深切地体会到粮食生产和粮食预测对具有10多亿人口的中国的重要性。

按国家需求预测全国粮食产量，必须有新思路、新方法。

20世纪70年代末，原中共中央书记处农村政策研究室和原国务院农村发展研究中心委托中国科学院系统科学研究所进行全国粮食产量预测，并对此项预测提出两项要求：一是为便于及早安排粮食的消费、存储和进出口，要求预测提前期为半年左右（如果8～9月份发现当年粮食歉收，再到国际市场买粮，粮价已大幅度上升）；二是要求预测精度高，误差一般在3%以下（发达国家谷物产量预测的误差通常为5%以上）。

国际上预测粮食产量方法主要有三种。第一种是气象产量预测法。主要根据气象因子，如各个月份温度、降水、日照等利用统计方法来预测谷物产量。第二种是遥感技术预测法。第三种是统计动力学生长模拟法，在植物生理学原理基础上，在实验室利用模拟方法研究各种环境因子与作物产量的关系。这三种方法的预测提前期都比较短，一般都是两个月，或者两个月以内。这是由于，对气象因子很难作超过半个月的比较精确的预测，当地面作物未生长到一定阶段，又很难用遥感技术预测产量。发达国家预测谷物产量的误差一般在5%～10%左右。上述方法在提前期和精度上均不能满足中央要求。

这样新的问题就提出来了，要求我们用新的思路、新方法来达到中央的要求。我们经过长期的研究，提出了以投入占用产出技术为核心的系统综合因素预测法。当时我们是怎么想的呢？对农作物产量来说，气候因子当然很重要，中国农民一定程度上就是靠天吃饭的，如果天气不好农作物产量就不会很好。我们的新思路：第一，在预测粮食产量时不仅要考虑气象因子，更要从社会、经济、技术和自然因子（气象及非气象）出发进行研究，综合地考虑社会经济技术因子（如政策、价格、良种、花费、灌溉、机械等）和自然因子（如土壤、气象等）的作用；提出以投入占用产出技术为核心的系统综合因素预测法进行预测。第二，把农业看做是一个典型的复杂系统：具有多层次结构，各个子系统之间以及系统与环境之间存在复杂的相互作用，具有很强的非线性、随机性和动态特征。第三，从长期来看，社会经济技术因子在中国粮食生产中起主要作用。第四，采用定性与定量相结合的综合集成方法，建立了多方程预测模型。这项预测的关键技术，或核心技术是投入占用产出技术、考虑报酬递减的非线性预测方程和最小绝对和方法。

投入占用产出技术的特点是，区分投入与占用：投入—生产过程中的各种消耗，如原材料、动力等；占用—生产过程中拥有的供长期使用的对象，如固定资产、土地、人力资本等。投入产出分析研究投入（消耗）与产出的关系，投入占用产出技术不仅研究生产过程中的产品的投入与产出的关系，而且研究占用产出的关系，以及占用与投入的关系。

美国科学院院士 Walter Isard 认为投入占用产出分析令人感兴趣，远远比标准的投入产出分析好，是非常有价值的发现。

投入产出分析是美国科学家 Wassily Leontief 所创立的，并且曾获得了 1973 年诺贝尔经济学奖。目前世界上已有 100 多个国家编制和应用了投入产出表。这项成果是管理科学、系统科学和经济科学方面一项重要的成果。但是在我们国家 20 世纪 60～70 年代，被一些人作为资本主义、修正主义的东西来批判，特别是一些经济学家一直把它当作资本主义的东西来批判。所以，我们当时提出来要在我国研究和应用这种方法，就遭到很多人的反对。那时，中国科学院数学研究所有这么一个好的传统，就是很尊重研究人员本身的意志。因此，我们也就顶住压力，坚持和继续我们的研究。

投入占用产出技术弥补了投入产出技术的局限性。我们利用投入产出进行粮食研究时，发现投入产出技术有一个重要缺点，或者说不足之处。它的主要缺点是没有反映占用和产出的联系，它的非线性和动态化的问题都没有得到很好的解决。所以我们在 20 世纪 80 年代提出了新的投入占用产出技术。其含义是，生产过程的产出不仅与投入有关系，而且与占用有关系。所谓占用也就是生产过程中供长期使用的固定资产、劳动力、土地等，我们认为不应该只研究投入和产出的关系，而且应该研究占用和产出的关系，所以在新的理论和假设的基础上，我们提出了新的模型和计算方法。这种方法在国内得到了大量应用。

投入占用产出技术可应用到很多方面。今天因为时间关系，就没有办法跟大家详细介绍了。比方说，用来预测产品的产量，预测一个部门的能耗，研究一种产品价格变动对各个部门产品价格的影响等。

这里我们举一个例子，主要目的就是引起大家对投入占用产出的一种兴趣，以钢对电力的消耗为例，在炼钢过程中消耗的电力，这是钢对电力的直接消耗。但是钢对电力的消耗不仅仅是炼钢过程中的消耗，我们知道炼钢还消耗生铁、消耗焦炭、消耗煤、消耗机械设备和厂房等。在生铁生产过程中消耗了电力，一吨钢通常要消耗 1.1 吨生铁（废钢铁）。钢炼出来以后，生铁已经没有了，所以炼铁过程中消耗的电力，应该看做钢对电力的间接消耗。这是钢对电力的第一次间接消耗。同样，炼钢消耗了焦炭，焦炭又消耗了电力，这也是钢对电力的第一次间接消耗。再进一步看，钢消耗了生铁，生铁生产中消耗了铁矿石。铁矿石的开采过程中又消耗了电力，这就是钢对电力的第二次间接消耗。因为矿石是用来炼铁的，铁又是用来炼钢的，所以都是钢对电力的间接消耗。我们可以看到钢对电力的间接消耗是错综复杂的。因为在炼钢过程中间消耗生铁，生铁消耗矿石，矿石消耗机械设备，在机械设备生产过程中间又用了钢。所以，它是循环往复的。利用普通的方法很难算得很完全，我们利用投入占用产出就可以很完全地、一点不漏地计算出来。

现在投入占用产出已经成为国际上重要的研究的方向，详细的情况就不跟大家介绍了。在我们院里已经有 20 多位年轻学者，由于从事投入占用产出技术研究，获得管理科学与工程专业的博士学位。我们根据新的思路，提出这套方法，在国外得到了很好的评价，如美国科学院院士 Walter Isard，他认为投入占用产出分析令人感兴趣，远远比标准的投入产出分析好，是非常有价值的发现。另外投入产出分析的创始人，诺贝尔经济学奖获得者 Wassily Leontief，在一封信中说："投入占用产出与完全消耗系数的计算方法是我们领域的一项非常重要的发明与创新。"澳大利亚昆士兰大学两位教授也给予很高的评价，他们希望这种方法在澳大利亚得到利用。美国科学院和美国国家科学基金会，几次批准作为美中国际合作研究和交流项目。美国麻省理工学院的Karen R. Polenske教授从1987年开始，连续18年，每年都带团队到中国来，跟我们进行很多合作研究。

利用投入占用产出技术预测粮食产量精确度很高。我们利用这个新的投入占用产出技术，编制了中国农业投入占用产出表。用它计算生产粮食，对化肥，对各种能源的消耗。我们提出了若干个非线性的预报粮食产量的方程。经过实际检验，它的精确度是很高的。

粮食产量预报中，主要考虑以下各种因素。大家可以看到，除了气候预测以外，我们考虑到很多因素，如农产品价格、政策变量、耕地面积、复种指数、粮食播种面积、受灾面积、受灾严重程度、旱灾严重程度、农家肥使用量等。可能有人问，你在考虑自然因素时，考虑了受灾面积、旱灾的严重程度等，怎么不把温度、日照、降水等放进去呢？这些因素其实对产量有很大的影响，但现在主要的问题是要提前半年预报，半年以后的雨量、温度、日照等很难进行比较精确的预测。我们只能等到将来气象科学发展到很高水平，能够提供比较可靠的预报，比方准确度能达到百分之八九十了我们就可以把它考虑进去了。现在这些因素事先预报不了，所以我们没办法把它放进去。

我们的资料来源：第一，中央各部门、各单位所掌握的上述因素的数据；第二，中国农业信息网、中国经济信息网报刊中披露的有关信息；第三，项目组去13个主要产粮省区（即河北、山东、河南、江苏、安徽、四川、湖北、湖南、黑龙江、吉林、内蒙古、陕西、新疆等13个省和自治区）、8个主要产棉区（即新疆、河南、山东、河北、湖北、湖南、安徽和江苏）、9个油料作物主产区（包括山东、河南等地）的调查资料。

我们在每年4月底完成当年预测报告，5月初由中国科学院院长审阅和签发，报送中央主要领导和有关部门。25年预测结果如下：第一，预测提前期为半年以上，为政府有关部门安排粮食消费、储存和进出口留下充足的时间；第二，1980年以来预测各年度的粮食，丰、平、歉方向全部正确；第三，25年的预测平均误差为抽样实割产量的

1.9%。现在国际上发达国家预测的误差是5%～10%。从这些结果可以看到我们的预测系统是很好的，比一些发达国家预测精度更高。

粮食产量预报为国家高层决策提供重要依据。

每年的粮食产量预报能起如下作用：第一，为中央判断各年度农业产量形势，判断主要农作物生产形势和进行高层次的农业决策提供依据。第二，对安排粮食、棉花、油料的进出口、储存，进行农业生产计划和调度，制定有关工业（如食品工业、纺织工业、化肥工业等）发展计划提供参考资料。第三，为中央研究全国粮食供求平衡、保证粮食安全等提供参考依据。

提前期为半年的粮食产量预测在对外贸易中的意义是很大的。以2002年国际市场小麦价格走势为例（图1）。

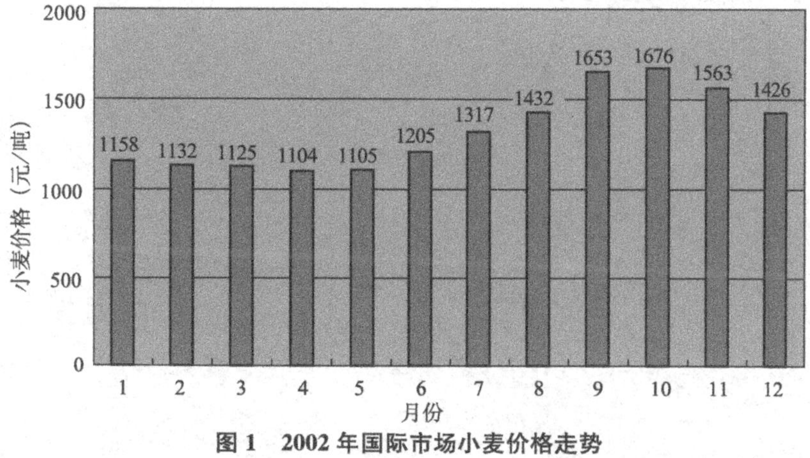

图1　2002年国际市场小麦价格走势

从这个图1上看到，国际市场4月份小麦价格折合人民币为每吨1104元，10月份小麦价格就上升到每吨1676元，相差是比较大的。当然每年的小麦价格走势是不一样的。如果我们已经知道今年粮食收成情况，在进行对外贸易的时候，小麦价格低的时候我们就可购买进来，价格高的时候我们就把小麦卖出去。如果到9月、10月份的时候才知道粮食歉收要进口，人家看到你要大批买粮，国际粮食价格就调高了，所以，这对对外贸易是非常有好处的。

中央农村工作领导小组、国家粮食局、发改委、农业部等对利用投入占用产出析技术进行全国粮食产量预测有很多好评。认为这项工作为我们国家粮食生产的宏观决策提供了重要的参考依据。

从1995年以来，胡锦涛、温家宝、李鹏、邹家华、李岚清、吴仪、回良玉、陈至立等中央领导同志都给予了很高的评价。2005年胡锦涛总书记在我们的粮食预测报告上就有了重要批示，他指示国家计委，要及时的安排棉花的进口。因为我们预报，2005年棉花有比较大的歉收，产量大幅度下降，所以他指示安排有关部门进口棉花。温家宝总理在去年院士大会发言中也提到了这项预测研究工作。回良玉同志也有正式批示，他说："贵院数学与系统科学研究院陈锡康等的'预测报告'已阅，这对我们农业生产和农村经济发展的工作指导和政策制定是很有益处的。"

17 找准切入点 最终才能有所发现

韩兴国，男，研究员、中国科学院植物研究所所长、植物园主任、内蒙古草原生态研究定位站站长，中国植物学会理事长。1959年6月出生于山东省寿光县，1982年毕业于山东农业大学，1985年10月在美国佐治亚大学生态研究所做研究助理，1989年获哲学博士学位，1990年至1992年9月在美国罗格斯大学海岸与海洋研究中心从事博士后研究。1992年9月到中国科学院植物研究所工作，曾任植物研究所所长助理、植物生态研究中心主任、西双版纳热带植物园副主任、所学术委员会主任等职务，2001年9月至2002年1月在中央党校37届地厅级干部训练班学习；现还担任并曾任国家自然科学基金委员会项目评审组成员（1997～1999）、中国生态学会副理事长（2000～2004）、世界保护联盟（IUCN）地区理事及人力资源政策委员会主席等职务。

他的主要研究方向是生物保护、生态系统生态学、全球变化生物学和生态学历史等。参加的主要研究项目有：稳定性同位素技术在暖温带落叶阔叶林植物水分利用效率的研究中的应用（国家自然科学基金委员会面上项目）、人类干扰和土著知识对澜沧江流域生物多样性的影响、中国自然保护区生态旅游战略极其对策（国家环保总局项目）、国家自然科学基金委员会杰出青年基金（B类项目）、中国科学院知识创新工程重大项目“浑善达克沙地与京北农牧交错区生态环境综合治理实验示范研究”（项目首席科学家）、草地与农牧交错带生态系统重建机理及优化生态生产范式（国家重点基础研究发展规划项目）。

近20年来共编写专著4部，发表专业论文120余篇，其中30篇在国外专业杂志发表。曾获奖励：1994年起享受政府特殊津贴，1999年度中国科学院“十大杰出青年”，2000年被评为“优秀研究所所长”，2001年被评为“中国科学院优秀所级领导班子”成员。

报告时间：2005年11月24日

报告地点：中国科学院研究生院中关村园区

我主要以内蒙古草原生态系统生产力稳定性及其生物地球化学调控机制的研究作为这一次讲演的主要内容，中间还穿插着一些研究生跟导师的关系、论文的选题，以及如何从事科学研究等方面的一些观点。今天我主要是从以下几个方面跟大家介绍，一是搞科学研究要从重要的问题，特别是国家的需求和生产需要这样的问题入手，要对其中的科学问题进行凝练，不仅仅要发现问题，更重要的是找到答案，还要给出一个逻辑的、科学的解释；二是要搞好队伍的建设，现在从事科学研究，团队研究是非常重要的，中国已经加入了 WTO，改革开放也 27 年了，所以我们的团队研究不应该是孤立的，要跟世界接轨，必须跟世界上的科学家有所来往，有所合作，共同探讨一些重要的科学问题。最后我讲一下从 1998 年到现在，我在内蒙古草原上做的一些工作，当然主要工作是由我的研究生完成的，以及我们今后的打算。希望在座的各位，如果对我们的研究工作感兴趣，可以来我们这里攻读博士，也可以做博士后研究。

现在，任何的一个科学研究必须要跟国家的需求紧密地结合起来。100 年前或者是 200 年前，人们对于科学的研究，特别是生物学的研究主要是自然博物学家，他们的研究主要是由对于自然界的好奇心所驱使，如动物是怎样分布的，植物是怎样开花结果的。经过了近 200 年科学研究，很多重要的科学问题已经得到了回答。因此，现在的科学研究仅有兴趣是不够的，必须建立在非常高的理念、非常好的训练，还有很好的技术和手段基础上才能够进行，国家需求就成为最重要的一条。

内蒙古草原极度退化的原因和恶果

内蒙古草原已经极度退化

内蒙古草原曾经是风吹草低见牛羊的地方。现在，情况已经发生了很大的变化，包括我们北京在内，还有内蒙古当地，我们看到的就是两个问题：沙尘暴和草原退化。内蒙古草原是我们国家重要的畜牧业生产基地。大家知道我们国家草地的面积占 60 亿亩，也就是 400 万平方千米，其中有 40 亿亩就是在干旱和半干旱地区，特别是内蒙古草原。草原生态系统也是生态环境安全与生物多样性保护的重要的基地，它也是生态旅游和给人以美感的重要的生态系统。另外在内蒙古草原进行科学研究，我们还要考虑到一些政治的因素，像边疆安定、民族团结还有文化的繁荣，基于这样一些思考，我们选择内蒙古草原生态系统作为我们研究的对象。

据不完全统计，在内蒙古草原上大约有 60%，甚至有的地方已经超过了 80%的草地退化，退化的重要标志就是生产力低下、土壤肥力降低、病虫害肆虐。它的直接影响就是沙尘暴。2002 年到现在发生沙尘暴的频率不断地加快，影响的范围越来越大，持续的时间越来越长，也影响到了北京和天津的生态安全，惊动了中南海，甚至影响到了我们周边的国家，引起国际社会的关注。

造成草原生态系统退化的主要原因是人祸

对于草原的退化，我们当然可以找出很多条理由，就像我们所提出的任何科学问题一样，我们必须首先分析它的原因，为什么出现这些问题？我个人认为，人祸大于天灾，完全或者是基本上是由人类活动影响而造成的，这包括人类对资源无止境的掠夺式的开发利用，像超载放牧、滥垦、资源不合理利用、投入严重不足。另外也可能有部分自然因素，但是我个人认为自然活动是正常的，内蒙古锡林郭勒这样的地区，年降水量 150～450 毫米是正常的，正是由于这种降水量比较大的活动才导致了是草原而没有形成森林。如果降水稳定在 350 毫米，内蒙古的草原就不应该叫草原，而是暖温带落叶阔叶林生态系统。到底是不是这个原因，我们可以通过一些研究说明这个问题。还有一些方面是认识上的问题，认为草原养牲畜多了，我们的经济效益就高，甚至内蒙古的牧民也这样认为。实际上，这是不对的，因为对于一个生态系统来说，有一定的承载能力，过度的放牧就会导致承载能力的下降，必定使生态系统退化。

从 1950～2000 年，在半个世纪的时间内，草原上增加的是人口，增加的是退化草场的面积，减少的是每头牲畜平均拥有的草地面积。1978 年锡林郭勒盟大约有 300 万头牲畜，但是到了 2004 年，这一数量已经达到了 2400 万头，增加了 8 倍，但是草的生长速度并没有增加 8 倍。实际上 2400 万头这一数量还不是真实的数字，我个人认为，应该超过 3000 万头。

草场面积减少，牲畜头数增加是导致草原生态系统退化的原因，这应该是一个不争的事实。退化以后，生物赖以生存的环境条件恶化，生物不能够有充足的机会发挥它们最大的潜力，也就是光合作用。因为在内蒙古草原，每年植物能够真正的生长时间也就是 5～8 月底，在几个月的时间内，如果生物的器官没有长成，过度的放牧，甚至某些重要的生物物种丢失，它的生产力肯定要降低，这是无疑的。降低以后会影响到整个生境，这也是沙尘暴发生的主要原因。另外农田的开采也是导致生态退化的基本原因。

草原生态系统退化所带来的恶果

我个人担心的并不是仅仅它的产量的降低，或者肥力的下降，因为大自然还是有一定的修复能力使它能够自己恢复，但是最可怕的是表土被吹走。到了这样的情况，即使我们给大自然休养生息的机会，也很难恢复原来草原生态系统的生物多样性和生产力，这是一个很简单的道理。因为我们过去不正确的对待了大自然，所以大自然对我们的惩罚也是应该的、必然的。现在我们提倡和谐的社会，和谐的人与自然关系，是非常正确的。但是，我们要想一想，我们这一代人要为我们的后代留下一些什么？如果我们为他们留下的仅仅是表土被吹走的一个生态系统，那是我们的犯罪，从伦理上也是不道德的。

问题很清楚，草原退化影响到居民的生活，影响到环境安全，影响到民族团结，甚至草原文化也可能由于环境的退化而丧失。现在，我们把问题提出来，接着就是要研究里面的一些科学问题，可以提出一些具体的科学的假设，可以设计一些实验来验证我们提出的科学的假设，同时提出我们对于草地生态系统管理的一些建议或者决策。在内蒙古草原上，我们的第一个问题就是草地生态系统的生产力，每年生物质的产量是受哪些因素控制的，它的稳定程度是受哪些因素控制的？在草原生态系统土壤和植被这样一个大的生态系统复合体上，它的时间、空间因素由哪些来调控？在生态系统中，营养元素的循环是一种什么格局，是受哪些因素来控制？还有气候条件、土壤养分状况及其草地生态系统可能恢复和重建的一些途径，这就是我们申请科学项目的时候要提的所谓的科学的假设。

打造一个合作的团队，把研究成果放在国际平台上。

在任何的科学研究中，像我刚刚提出来的一样，必须有一支队伍，仅仅一个人从事科学研究，特别是从事像生态学研究这样的科学问题是很难的。我们就有一个很好的团队，从1995年开始，5位教授包括我个人，其中大部分的都是在国内土生土长的科研人员。董鸣博士1999年从荷兰归国以后就和我们在一起；蒋高明博士1988年一直在植物研究所工作；白云飞博士从1995年跟我们合作，1999年正式加入我们的队伍；还有一位李凌浩博士是从1994年跟我们在一起。为什么要特别提出重视科研队伍建设，因为我们的团队在过去的10年中，在国内工作的时间总和超过了45年，平均每人在国内的工作时间超过 9 年。我们 5 人所领导的研究组在 5 年内一共发表文章 600 篇，其中 220 多篇 SCI，有 60 多篇文章是我们 5 个共同署名的。基于我们共同的兴趣、共同的爱好，可以说这种合作如兄弟一般。因此我们今年也被国家自然科学基金委员会批准为国家自然科学基金创新群体第一批资助 360 万元；如果能够通过验收，再资助 360 万元；如果能够再通过验收，就再资助 360 万元，也就是说有被资助 1080 万元的可能性。如果我们只被资助一次，那就说明我们的工作没有做好。但是，我们 5 位都决心，再合作 10 年左右，那时候我应该到了退休的年龄。

这是我们过去共同发表文章的一个清单，在这里向大家说明，现在的科学研究，你们打开专业杂志可以看到，很少文章是只有一个作者或者导师与学生两个作者的署名，有的文章的作者甚至超过百人，像水稻基因组、人类基因组计划，还有很多的研究。现在，中国科学院生命科学系统发表的大量的文章都是 10 位以上的作者，这说明需要团队，需要大家的优势互补，需要大家专长的整合，因为只有这样，才能够做一些大的科学研究，才能够在短期之内发表一些高质量的成果。国家自然科学基金委员会专家对我们这个创新群体评估的时候，他们感到意外的是，为什么 5 位都是正研究员了，还能够共同合作研究，也能够共同发表文章，因为通常认为首席科学家之间是很少合作的。但是我们 10 年来一直坚持这个理念，也希望你们将来成为科学家的时候要注意合作，这是我在国外还有这十几年来我个人的体会。

现在从事科学研究活动，不要仅仅局限在我们国内，一定要把眼光纳入到国际的视野中去，要积极地同国外的科学家有效地结合和配合，然后对于科学问题做出重要的回答。我们这个研究集体同德国、美国、英国、澳大利亚、新西兰和加拿大等超过 10 个国家的科学家合作。前天，我的一个合作者，是德国的一个科学家，他拿 300 万欧元到我们项目上跟我们合作，看中的就是我们这个群体。

凝练问题，找准切入点，最终才能有所发现。

给大家介绍一下我们这几年做的一点工作。第一，草原生态系统稳定性与调控机理的研究，我们提出的科学问题就是草原群落生态系统，或者是草原生态系统最重要的气候驱动因子是什么？是降水，是温度，是光照还是别的什么。第二，在不同的组织水平上，生物量生产对降水的波动变化是如何反应的？第三，降低生物量生产的变异和增加生态系统稳定性的补偿作用是否存在？用N是导致物种多样性的丧失、生态系统稳定性下降，还是促进碳的同化过程、增加生产力。在区域尺度上，ANPP（地区生产力）和PUE在年均降水量的梯度上是如何变化的，这些文章我们分别在2004年和2005年发表在*Nature*上。

围绕这些问题，我们得出一个很重要的结论，草地生态系统它的生产力是受1～7月份的降水影响的，因为它存在着很显著的相关关系。但是请大家注意，相关关系不是因果关系。特别是我们发现了在物种、群落和功能群之间存在着一个补偿效应。所谓的补偿效应，就是在一个生态系统中，有很多的物种，它们对于不断变化和波动的活动条件具有适应和响应机制，干旱的时候，耐旱的植物长得好；湿润的时候，喜湿性的植物生产力高。在一个生态系统，由于不同物种的存在，使这个生态系统能够得到一定的补偿作用。像西方人说的，不要把所有的鸡蛋放在一个篮子里；也就是东方人所说的东方不亮，西方亮，多多益善。物种多了，才能存在补偿作用。之所以能在*Nature*上发表，就是我们的结果表明，物种的丧失和生态系统的退化，打破了物种功能群之间的补偿作用，生产力下降，稳定性降低。

问题是这样凝练出来的

在一个生态系统中从来没有获得很多的营养元素，我们可以思考，如果我们人为地给它加上一点，它会发生什么变化，根据一般性的认识应该是施肥能使它的产量提高，但这是在单个的农田中是这样的，自然生态系统还存在着种间和种类之间的竞争，它的反应可能不同。从1999年开始，我们做这个大实验的时候，回答的问题就是增加了营养元素的可利用性，生态系统是怎样反应的，这就是在美国科学院刊上那篇文章基本的框架。我们提出了框架之后发现了截然不同的反应，在一个成熟的未受人类干扰的系统，它的反应跟一个退化的生态系统表现截然不同。正是这种表现，才能够使我们有胆量往比较高的影响因子刊物上去送审。我们的结果说明了如果生态系统的功能还能够正常的发挥，生境条件还没有被极大的破坏，如果大量的外来元素的增加，可以使整个生态系统崩溃，使生态系统由高级阶段退回到初级阶段。而对于一个退化的生态系统来说，适当的改善它的资源的有效利用情况，可以提高它恢复的速度，可以大大提高它的生产力，也能够增加物种之间的补偿作用。

另外在一个大的尺度上，从降水量450毫米到降水量150毫米之下，它的生产力受多方面因素影响，我们的研究结果表明，在降水量比较少的地方，影响因素是以物理的为主，在降水量中等的地方，是以化学的为主，在降水量比较高的地方，是以生物之间的相互作用为影响的因素。而这些相互关系，我们可以通过资源的改变，改变它们的响应。也就是说全球变化、降水格局的改变、降水的波动增加、温度增加，会使草原生态系统变得更加不稳定，特别是在降水量比较高的地区，它的不稳定性会进一步的增加。而对于降水量比较低的地方，即使降水增加50%，它的养分资源的利用性增加3倍，它的生产力也不会有巨大的提高，因为它的控制因素更多的是物理的因素。在这样一个生态系统中，回答它的稳定性和生产力的关系，必须从资源的分配，物种的生存策略来进行探讨，用大尺度长时间研究结果来解释它的机制。

保护生物的多样性和稳定性就是保护人类自己

物种共存也像人类社会一样，大家在一起是有很多原因的，按照达尔文的理论，物种是竞争的，存在着排斥或者是排他作用的，但是实际上在自然界，我们看到有很多不同的物种共同在一起，为什么？第一，可能是竞争释放；第二，可能是互惠共生；第三，由于生境的干扰，生态位分化，资源分配，生境异质性，性状置换，生物本身的进化作用导致了物理的共存。哪一个作用或者机制在草原生态系统起重要作用呢？我们也做了一些实验，主要是从资源的分配，也就是地上地下根系和叶、营养和生殖各个方面研究它的分配格局和一些具体的特色。

通过这些研究可以发现，在一个系统之中，物种之间存在着不同的资源分配格局，这也是它们得以在生态系统中共存的一个原因，也就是为什么在干旱的时候仍然有较高的生产力，在较湿润的时候，能够使资源得到充分利用的原因，就是物种之间的资源分配格局，这些结果分别发表在专业刊物上。另外，我们对于生态系统的物种、资源的分配、养分的利用效益也做了一些探讨，这些结果就验证了在大尺度，长时间生态系统稳定性和生态维持格局的一些重要的理论。

前面的案例研究我们只是回答了几个问题，也仅仅是从某些侧面上阐明了物种多样性和稳定性的关系，功能群对养分资源的调控作用，阐明了不同资源有效性对生产力的影响，并且提出了退化草地生态系统恢复的策略和人工草地生态系统建立的理论基础；并且我们提出生态系统服务功能维持的功能置换问题，这也是现在我们正在跟一些公司和投资者提出来，在草原生态系统，它的功能置换问题，不要仅仅考虑草原生态系统的生产功能，也要考虑它的维持功能，调节功能，还有生态系统服务功能。

今后我们这个研究团队要从大时间尺度的稳定性维持机制开展一些研究，并且要在全球变化的背景下对一些生态系统过程进行探讨，也研究一些相应的基础科学问题。我们想经过今后 10 年的合作，我们这个研究团队，能够在草地生态系统方面做出一些其他国家的科学家不能做的事情，因为毕竟内蒙古草原是我们的，有独特的环境条件、独特的文化、独特的管理方式，我们也有独特的科学家在那里工作。

18 从微小中创造辉煌

高福，男，中国科学院院士。1961年11月出生于山西，先后在山西农业大学和北京农业大学获得学士与硕士学位，英国牛津大学博士，英国牛津大学、加拿大卡尔加里大学、美国哈佛大学博士后（国外学习工作13年）；现任中国科学院微生物研究所所长、博士生导师（是中国科学院直接从国外公开招聘的所长）。

他的主要研究方向是分子免疫学与分子病毒学，尤其是应用结构生物学和蛋白质化学研究T细胞的分子识别和病毒侵入的分子机制。

曾获奖励：中国科学技术协会首届“青年科技奖”，教育部与英国文化委员会“中英友好奖学金”，英国惠康基金会“International Fellow”，国家自然科学基金委员会“海外青年学者合作基金（杰出青年B类）”获得者，教育部“春晖计划”学术休假国外学者，中国科学院“百人计划”入选者，国家自然科学基金杰出青年基金（杰出青年A类）获得者，科技部“973”计划项目首席科学家。

在SCI收录的国际杂志上发表70多篇论文，包括：*Nature*、*Science*、*PNAS*、*Mature Medicine*、*Lancet*、*Immunity*、*JBC*、*J. Exp Med* 等。

报告时间：2005年11月24日

报告地点：中国科学院研究生院中关村园区

微生物因为其微小而定义，微生物研究所就是研究这种微小的生命，探索它们的生命奥秘，寻求它们的生活规律，使之从微小中做大事，探索微小中的生物怎样为我们的国家、为世界、为人类创造辉煌。

微生物无处不在、无时不有。

大家知道微生物之所以给它定义这个名字就是因为它小，从分类上来讲，植物、动物、微生物怎么界定，科学上怎样分类，有定论的东西亦有有争议的方面，我们姑且不予讨论，但至少从大小上可以把它看成是一种非常重要的一群生物，而地球的整个物质循环圈是离不开它的。

我们做任何事情，首先要给自己定一个位，我们要做什么、为什么要做这些事，应该经常问问自己。作为中国科学院微生物研究所，作为从事微生物研究的科学家，我们要经常问的问题是，怎样去认识微生物，用微生物能做什么，能不能改造微生物。路甬祥院长在 1999 年给我们题词“微生物，高科技，大产业”，正好抓住了微生物学这个学科的特色，即它既有基础研究的高科技成分，又有大产业的技术应用功能；正好说明了微生物研究所能够做什么。大家看看 2000 年美国麻省理工学院的一位著名工业生物技术教授是怎样“抄袭”路甬祥院长的题词的，他 2000 年写了一篇文章讲述微生物的重要性，题目叫做“Microbes，smallbugs，big business”，大家读读这句话，英文意思和路院长的题词是一样的，他“完全抄袭”了路院长的题词。

人类对微生物的探索究竟有多久了呢？其实人类对微生物的探索在19世纪更早的时期就已经开始了，而且在19世纪开始的时候，我们是微生物的狩猎者，大家都在找微生物。发展到21世纪，我们到了组学（omics）时代，到了研究蛋白质组、宏（元）基因组的年代。我们从19世纪开始，到21世纪，要成为微生物的改造者，使它服务于人类，这就是从微小中创造辉煌。

微生物是无处不在、无时不有的，大家拿一根针尖来看一下，将它放在显微镜下面，可以看到微生物到处都有。一个简单的数据更能说明问题，今天人类对自己的认识是越来越清楚，我们站起来量体裁衣，细胞是我们人体的基本结构单元，估计我们是由多少个细胞组成的？看似一个很复杂的系统，但充其量我们就是由10^{12}个细胞组成的人体。可我们身体内携带的微生物有多少呢？10^{13}个微生物，从你的头发、皮肤到胃肠道，到处都是微生物。我们出差说水土不服，经常就是因为肠道微生物菌群的微生态改变了。

我们面临的挑战与机遇

在微生物研究所进入中国科学院知识创新工程以来，首先要考虑我们面临的挑战是什么，给我们的机遇是什么。在搞清我们面临的机遇和挑战的情况下，就要考虑我们怎么能够挖掘微生物的巨大潜力，带来大产业。

宏观上来讲，人类所面临的挑战，并不只是我们中国，我们中国面临的挑战当然更明显了，而是我们整个地球，我们这个“地球村”所面临的问题。

第一，能源危机。能源问题成了全世界，尤其是我国经济快速增长和社会可持续发展的重大制约，能源问题已经是一个经济问题，也是一个政治问题，还是一个外交问题。所以能源问题确实是非常重要，微生物可以在解决能源问题上做些事情。

第二，面对国际整个大形势进行分析，环境污染给人类带来的危害日益严重。再想一想我们的粮食与食品的安全问题，粮食问题不光是粮食产量的问题，更重要的是粮食安全问题。如英国最近闹了一阵子“苏丹红”的污染问题。在食品加工业、绿色农业、绿色食品等方面，微生物同样可以大显身手。

第三，微生物是一把双刃剑，微生物不光是做好事，也可以做坏事，目前的禽流感，2003 年的 SARS，不光是在我国引起了不小的紧张，也引来了全世界的恐慌，当时的一句话叫做“香港的喷嚏可以让多伦多的救护车满街转”，可见全球化对我们人类的影响。今年的诺贝尔奖授予了发现病原微生物的两位澳大利亚科学家，这已经是近 100 年来，再次授予病原微生物研究。回顾历史，科技发达的美国 20 世纪 60 年代提出病原微生物，认为传染病已经得到了很好的控制，已经不是我们所需要解决的问题。20 世纪 70 年代，尼克松当总统的时候就提出对癌症的战争（War on Cancer），认为病原微生物已经没有问题了，我们的战争是要解决癌症问题。其实大家想想，20 世纪 70 年代以来，我们的癌症问题没有解决，病原微生物现在回头看看也没有解决，这一系列的问题都是小小的病原微生物造成的。我们也可以看到有利的一面，人们在认识病原微生物的过程中，疫苗的使用、天花的消灭，都是人类在征服病原微生物的过程中取得的巨大的成就。

挖掘微生物的巨大潜力

以上提到微生物是一把双刃剑，我们就是要对其进行深入研究，使其扬长避短、解决问题、服务人类。党的“十六大”所提出的发展

“高、好、低、少”的国民经济是一个大方向，也是世界发展大潮流。我们这种经济发展，“科技含量要高，经济效益要好，资源消耗要低，环境污染要少”，这样的经济是一个可持续发展的绿色经济，这样的经济发展依赖于什么呢？依赖于我们要有国际的眼光，要全球的合作，知识创新工程特别强调要有团队的建设。新的科学发展观也强调合作和持续发展（以人为本、创新跨越、竞争合作、持续发展）。微生物研究所作为一个大团队在中国科学院、国家的定位是什么？现代科技发展使得大家互相依赖性是越来越强，我们大家互相之间的依赖性，我们跟世界的依赖性，如果我们要发展好“高、好、低、少”，其他国家也一样受惠。如沙尘暴，要是刮起来，大家都不好受。所以我们要发展“高、好、低、少”，在这个过程中，对微生物的研究可以增加它的科技含量，可以提高它的经济效益。微生物可以改造环境的污染，这是我们最基本的认识。基于我们对微生物、对国际发展的认识，我们要探讨怎样挖掘微生物巨大的潜力，实现“微生物，高科技，大产业”。2004年陈竺副院长给我们所题词“微生物，进化有序，造就无数”，要研究进化有序就要发展高科技。

我们对自身的定位就是要认识微生物生命现象发生发展的本质，了解并利用微生物的结构、功能及其生命过程，最后服务于人类健康、农业进步、工业可持续发展以及能源和环境问题的根本解决。第一是缓解能源的压力。生物质能方面，大家都在谈生物能源、生物质，整个在生命科学当中所起的作用，这是21世纪的绝对前沿科学。大家都想在这里淘金，2005年8月8日美国《新闻周刊》以封面及大量篇幅介绍了生物质能源在人类解决能源危机中的作用。封面中，将来我们开车加的油的原料是老玉米，这些玉米、油菜之类的油，你要把它加进去作为动力油，没有微生物帮助转化是不可能的，而这正是我们微生物高科技要解决的问题。在科学研究方面，我们也面临着很严峻的竞争，新的科学发展观其中有一条很重要的就是竞争合作，大家处于竞争的年代，需要大家的努力。为什么叫竞争合作呢？我们竞争与合作是相辅相成的孪生兄弟，没有竞争就没有合作，没有合作也没有竞争，合作也是一种高层次的竞争，大家必须意识到这一点。这就是现代社会，已经不是中世纪的那种竞争了，说俗一点，中世纪的那种竞争是一种什么竞争呢？用中国人的话来讲“白刀子进去，红刀子出来”。我们现在所面临的21世纪的竞争，大家一定要在竞争中合作，在合作中竞争。

微生物在改善生态环境方面更是大有作为，因为微生物是许多有害化学品、有害物质的终极分解者。大家看看现在的各种化工厂，他们都有一个小的发酵室，那里边就是所谓有效菌群。它们在里边帮助你，不管是一种什么化工厂，不管是什么废水，有效菌群帮你净化。大家不要忘记，我们中华民族是一个伟大的民族，我们为人类贡献了四大发明，做了许多历史性贡献，其中一条，我们告诉人类怎样享受生活。中国的食品文化恐怕是别的文化都无法跟我们比的，我们就是一边要为人类做贡献、一边开发、一边享受贡献。但是大家别忘了，我们在吃喝的过程中，产生了多少垃圾、多少废水，最后的处理都是靠微生物。

在粮食与食品安全方面，尤其是防腐剂，过去的防腐剂都是化学品，现在要求一些可降解的、微生物生产的更为安全的产品，以提高我们的食品安全。再就是在病原微生物方面，2003年的SARS、2004年的禽流感、2005年又来了禽流感，还有一些其他的小规模暴发的，这一系列的病毒都提醒我们，生物反恐的问题是全世界的问题，我们应该有相应的防御研究，这是对病原微生物的研究。

最后在挖掘微生物巨大潜力以后，我们要作为微生物的改造者，改造微生物，创造辉煌。我们还要对传统的微生物进行改造，使它的效率更高、更安全，生产出科技含量更高的产品。如酱油、醋、酒、馒头、面包发酵等的进一步改造。这个微生物最后改造的结局，就是大家现在的概念——细胞工程或细胞工厂，逐渐的改造，就是微生物的单细胞为我们生产各种人类所需要的产品。

知识创新工程与微生物研究所

我们这次创新案例介绍，重点解剖微生物研究所。微生物研究所在进入中国科学院知识创新工程以来取得了很大的成绩，首先给大家介绍一下微生物研究所的光辉历史。我们先后有 9 位院士在这里工作，目前仍有非常活跃的 5 位院士在岗工作。在基础研究方面，目前大家看到的报道，在 25 年之后，中国的科学家又出现了 5～6 篇新的生命科学研究顶级《细胞》杂志文章。25 年后有所突破，尤其是我们中国科学院就占了 5 篇，这样的成果非常非常好。为什么媒体报道的时候要说 25 年前呢？25 年代表了什么？25 年前谁发表了这样的文章呢？是中国科学院微生物研究所的 3 位研究员，这就是微生物研究所的光辉历史。路甬祥院长对我们的题词"高科技"，"科"在哪儿？"科"在《细胞》杂志文章为代表的这样的基础科学。"高科技，高技术"，"技术"在哪儿？我们微生物研究所 20 世纪 80 年代初的微生物两步发酵法生产维生素 C 这样的高技术，以 550 万美元的高价转给了全球最大的生物制药公司，是当年我国最大的项目。

进入创新以来我们在分析刚才面临的问题、面临的挑战，国际科学发展前沿，国内、国家战略需求这样一个态势的基础之上，微生物研究所提出了要发展三大研究领域。这三大研究领域其中一个就是微生物资源，然后是工业和应用微生物，最后是病原微生物。大家再回过来想想微生物的双刃剑特点，微生物可以做事情，要想做事情，我们必须有很好的微生物资源，所以我们要研究微生物的多样性、微生物的基因资源、微生物物种的资源、微生物的系统生物学，尤其是极端微生物研究。我们研究为什么有一些微生物，它可以在极端环境条件下，pH 只低到 2 或高过 10，高的温度超过我们的沸点 100 多℃，微生物还可以生存，我们要研究这种极端微生物赖以生存的生命策略是什么，所以在微生物资源方面，我们有许多的微生物可以研究，这就是我们在微生物资源方面要进行的基础研究和应用研究。还有就是工业与应用微生物、生物能源、生物材料、生物质化学品、生物催化剂和绿色化学、环境微生物和生物技术、农业微生物一系列的问题。然后是病原微生物与免疫、重要病原微生物、细胞免疫与分子免疫。人类在认识病原微生物，在征服病原微生物的道路上，要走的路还是非常漫长的，我们对基本的病原微生物的基础科学研究还需要进一步加强，人类在挖掘自身潜能，也就是我们的免疫机体，免疫机制方面还有待加强。

基于这三大研究领域的想法，我们对学科进行了调整，目前有九大研究中心：微生物资源研究中心、微生物基因组学联合研究中心、极端微生物研究中心、环境生物技术中心、农业生物技术中心、微生物代谢工程研究中心、能源与工业生物技术中心、分子病毒中心和分子免疫中心。

刚才提到，合作在当今科学发展中非常非常的重要。我们的很多研究中心也是跟国内优势单位和国际优势单位联合共进、共同发展。微生物资源领域进入知识创新工程以来，在历史沉淀的基础上，建成了亚洲最大的菌种库。在极端微生物资源方面，处于国内、国际领先地位。去年我们国家在极端微生物研究方面设立了国家“973”计划项目，以我所科学家为首的团队，是极端微生物研究“973”计划项目的首席。

工业与应用微生物领域，我给大家举一个长链二元酸的例子，这是微生物研究所建所以来的强项，进入知识创新工程以来，我们又联合建立了几个新的工厂，这是微生物的高技术出口，联合共建了许多厂。大家天天用的计算机，计算机里面有很多小的器件都是长链二元酸。碳链组成的化学品，过去只能化学合成，包括经常说的尼龙，过去的尼龙原料都是化学合成的，经过我们创新团队多年工作，目前可以用微生物发酵的方法来生产。再给大家举一个例子，你们喝的娃哈哈、汇源果汁、蒙牛、伊利这一类饮品，过去放的防腐剂都是化学合成的，化学防腐剂对环境污染，对人类也有危害。后来我所对乳链菌肽研究，也与浙江的一个公司联合产业化了，80%的产品出口，为我们国家创汇，他们的目标就是盯着国际市场。大家想想，如果你们骑着自行车锻炼身体，往郊区跑一跑、看一看，冬天过后，郊区的草地上可以看到很多飞起的塑料地膜。冬天在大城市吃到新鲜的蔬菜，靠的就是塑料大棚，但塑料不可降解，会给环境带来很大的污染。所以我们对生物可降解微生物发酵生产、生物可降解生物质生产的塑料进行了研究，跟宁波联合建起了一个非常大的工厂，目前正生产可降解的塑料。这些都是工业微生物研究和应用的一些例子。

在病原微生物与分子免疫方面，突发病毒的分子流行病学、肝炎研究、细胞免疫和分子免疫方面，发表了一些论文。二期创新期间，发表科研论文的数量质量年年递增，势头非常好，获得了多项国家发明奖。在中国科学院知识创新工程的支持下，由于我们创新能力有了明显提高，所以对外争取经费的能力也年年在增长。研究生培养的数量也在增长，创新队伍进行学科调整，也有了明显的改善，具有博士学位和硕士学位的比例，还有创新队伍的年龄分布，发生了非常大的变化。我们还需要广泛的国际交流与合作，我们开了一系列的国际会议，还举办了“诺贝尔日”，最近还举办了“国际微生物日”，进行了微生物研究所的海外评估，邀请国际的大师级的科学家对微生物研究所的发展态势和微生物研究所取得的成就进行国际评估。在下一步的知识创新工程的支持下，我们要逐渐走在国际的前列，建国际一流研究所，这是我们微生物研究所的目标。

今年5月份青海湖地区发生禽流感疫情，我们的病原微生物研究团队参与了相关研究，与他人合作在P3实验室做了一系列的工作，在*Science*上发表了一篇文章，工作引起了国内外同行的高度赞扬与关注。

基于对传染病的基本认识，我们团队又提出了控制禽流感、控制传染病要三管齐下，受到有关单位和领导人的重视。第一要依靠科技、依靠管理，没有科技，不可能战胜像禽流感这样的传染病，但没有很好的管理，科技不可能起到应有的作用。第二要搞好科普宣传工作，解决群众对禽流感的心理恐惧问题。第三要搞好相关科学基础研究，使我们在国际上争取主动。

生物技术将推动新的科技革命，生物产业正在成为新的经济增长点，中国将重新进入世界经济大国行列。我们相信，微生物学的研究，必将始终走在生物技术研究领域的最前沿，也一定能够为中华民族伟大复兴做出实质性贡献。

最后我以林则徐的名言跟大家共勉，这也是温家宝总理在接见记者时用的一句话："苟利国家生死以，岂因祸福避趋之。"我们在任何情况下都应该以国家、民族利益为重。让我们坚定科学信念，紧跟科学潮流，用激情和梦想创造辉煌，从微小中创造辉煌！